建筑施工特种作业人员安全培训系列教材

建筑电工

赵丽娅　主编

中国建材工业出版社

图书在版编目（CIP）数据

建筑电工/赵丽娅主编 . —北京：中国建材工业
出版社，2019.1（2020.4重印）
建筑施工特种作业人员安全培训系列教材
ISBN 978-7-5160-2276-4

Ⅰ.①建… Ⅱ.①赵… Ⅲ.①建筑工程—电工技术—
安全培训—教材 Ⅳ.①TU85

中国版本图书馆 CIP 数据核字（2018）第 180903 号

内容简介

本书以建筑工程安全生产法律法规和特种作业安全技术规范标准为依据，详尽阐述了建筑电工应掌握的专业基础知识和专业技术理论知识，有助于读者提高建筑施工临时用电操作技能，助力建筑施工现场安全生产。

建筑电工
赵丽娅 主编
出版发行：中国建材工业出版社
地 址：北京市海淀区三里河路 1 号
邮 编：100044
经 销：全国各地新华书店
印 刷：北京雁林吉兆印刷有限公司
开 本：850mm×1168mm 1/32
印 张：9.125
字 数：230 千字
版 次：2019 年 1 月第 1 版
印 次：2020 年 4 月第 2 次
定 价：**48.80 元**

《建筑电工》编委会

主　　编：赵丽娅

编写人员：那　然　　王　赞　　陈振亮
　　　　　　那建兴　　崔丽娜　　侯志国
　　　　　　张亚东

前　　言

为提高建筑施工特种作业人员安全知识水平和实际操作技能,增强特种作业人员安全意识和自我保护能力,确保取得《建筑施工特种作业操作资格证书》的人员,具备独立从事相应特种作业工作能力,按照《建筑施工特种作业人员管理规定》和《关于建筑施工特种作业人员考核工作的实施意见》要求,依据建筑施工安全生产法律法规和特种作业安全技术规范标准,组织编写了《建筑电工》。

本书系统介绍了建筑电工应掌握的专业基础知识和相关操作技能,内容丰富、通俗易懂、图文并茂、条理分明、专业系统,具有很强的实用性和操作性,可以作为建筑电工的培训用书和日常工具书。

由于编写时间仓促,编者水平有限,书中难免有疏漏和不当之处,敬请批评指正。

编　者
2018 年 8 月

目　录

第一章　电工基础知识

第一节　电的基本概念

一、电流与电流强度

（一）电流的概念

当合上电源开关的时候，灯泡会发光，电动机会转动。这是因为灯泡和电动机中有电流通过的缘故。电流虽然用肉眼看不见，但是可以通过它的各种表现（如灯亮、电机转动）而被人所觉察。电流就是在一定的外加条件下（如接上电源）导体中大量电荷有规则的定向运动。规定以正电荷移动方向作为电流的正方向。如图 1-1 所示在 AB 导线中电子移动方向是由 A 向 B，电流的方向则是由 B 向 A。

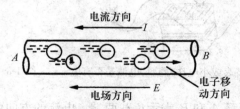

图 1-1　在电场力的作用下，自由电子的有规则的定向运动形成了电流

（二）电流强度

用每秒钟通过导体某一截面的电荷量的多少来衡量电流的强弱叫做电流强度（简称电流）。用符号 I 表示。如果在 t 秒钟内通过导体横截面的电量是 Q，则：

$$I = Q/t$$

电流的单位是安培（A），计算微小电流时以毫安（mA）或微安（μA）为单位，它们的关系是：

$$1A = 10^3 mA \quad 1mA = 10^3 \mu A$$

电流很大时，以千安（kA）为单位。

$$1kA = 10^3 A$$

二、电压与电动势

（一）电压

如果想要知道蓄电池是否有电，可以用伏特表去量一量，也可以用导线把小电珠接到电池的两极之间（如图1-2所示）。如果伏特表有指示或小电珠发光我们就知道电池有电压，也就是通常所说"有电"。

图1-2　用伏特表或小电珠检验蓄电池是否有电　　图1-3　灯泡电流图

图1-3所示 A 和 B 表示负载两端，电流的方向由 A 流向 B，负载灯泡发光，说明电流通过灯丝时产生热和光。为了表示电流强度与做功的本领，引入一物理量——电压 U_{AB}：

$$U_{AB} = A/Q$$

其中，Q 为由 A 端移动到 B 端的电荷电量，单位：库仑；

A 为电场力对电荷所做的功，单位：焦耳。

电压的单位是伏特（V）。计算微小电压时则用毫伏（mV）或微伏（μV），高电压时则用千伏（kV）。

$$1kV=10^3\,V \qquad 1V=10^3\,mV \qquad 1mV=10^3\,\mu V$$

电压的方向，规定为由高电位端指向低电位端，即为电压降低的方向（图 1-4）。

（二）电动势

电动势是衡量电源转换本领的物理量。定义为：外力将单位正电荷从电源负极经电源内部移到正极所做的功，称为该电源的电动势，用符号 E 表示，即：

$$E=A_W/Q$$

其中，E 为电源电动势，单位是伏特。

A_W 为外力所做的功，单位为焦耳。

Q 为外力分离电荷电量，单位是库仑。

电动势和电压的单位虽相同，但二者概念有区别：

首先，物理意义不同。电压是衡量电场力做功大小的物理量，而电动势则表示非电场力做功本领的物理量。

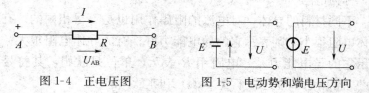

图 1-4　正电压图　　　　图 1-5　电动势和端电压方向

其次，两者的方向不同，电压是由高电位指向低电位，是电位降低的方向。而电动势是由低电位指向高电位，是电位升高的方向。图 1-5 给出了电源的几种画法及电动势和端电压的方向。

再次，两者存在方式不同。电压既存在于电源内部也存在于

3

电源的外部，电动势仅存在于电源的内部。

三、导体、绝缘体与导体电阻

（一）导体

能够传导电流的物体为导体。常用的导体是金属，如银、铜、铝等。金属中存在着大量的自由电子。当导体与电源接成闭合回路时，这些自由电子就会在电场力的作用下朝一定方向运动形成电流。

（二）绝缘体

能够可靠地隔绝电流的物体叫作绝缘体。如橡胶、塑料、陶瓷、变压器油、空气等都是很好的绝缘体。导体和绝缘体并没有绝对的界限，在一般状态下是很好的绝缘体，当条件改变时也可能变为导体。例如干燥的木头是很好的绝缘体，但把木头弄湿后，它就变得容易导电了。

（三）电阻

在导体两端加上电压，导体中就会产生电流。从物体的微观结构来说，电子的运动必然要和导体中的分子或原子发生碰撞，使电子在导体中的运动受到一定阻力，导体对于电流的阻碍作用，称为电阻。

不同材料的导体，对电流的阻碍作用也是不尽相同的。有的导体电阻很小，则表示它的导电能力好；有的导体电阻很大，则表示它的导电能力差。电阻用 R 表示，单位是欧姆，其符号为"Ω"。常用的单位还有千欧（kΩ）和兆欧（MΩ）。

$$1k\Omega = 1000\Omega$$

$$1M\Omega = 1000k\Omega$$

导体电阻的大小决定于导体的长度、横截面积和自身的材料。在同一温度下，导体的电阻与导体横截面积成反比，与导体长度成正比，用公式表示为：

$$R = \rho \frac{L}{S}$$

式中：ρ 为电阻系数，L 为导体长度，S 为导体横截面积。

在实验中发现各种材料的电阻率会随温度而变化。一般金属的电阻率随温度的升高而增大，人们常利用金属的这种性质制作电阻温度计。但有些合金，例如康铜和锰铜的电阻率随温度变化特别小，用这些合金制作的导体，其电阻受温度影响也特别小，所以常用来做标准电阻。图 1-6 是几种常用的电阻元件。

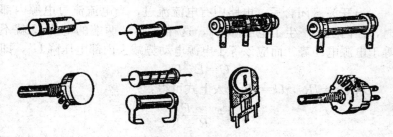

图 1-6　几种常用的电阻元件

四、欧姆定律

（一）部分电路欧姆定律

图 1-7 是不含电源的部分电路，当在电阻 R 两端加上电压 U 时，电路中有电流流过。当电阻 R 不变，如果电压 U 发生变化，则流过电阻的电流也随着变化。

流过导体的电流与这段导体两端的电压成正比，与这段导体的电阻成反比，称为部分电路欧姆定律，其数学表达式为：

$$I = U/R$$

由上式可得：　　$U = IR$　　　　　　　$R = U/I$

（二）全电路欧姆定律

全电路是指含有电源的闭合电路，如图 1-8 所示。虚线框内

R_0 表示电源内电阻。

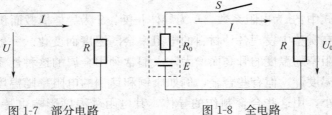

图 1-7　部分电路　　　　　　　图 1-8　全电路

当开关 S 闭合后，电路中有电流流过，当电流流过电源内部时，在内阻上产生了电压降 U_0，这样电阻 R 两端的电压 U 就不等于电源电动势，而应该等于电源电动势减去内部电压降 U_0，即

$$U = E - U_0$$

将 $U_0 = IR_0$，$U = IR$ 代入上式可得：

$$I = \frac{E}{R + R_0}$$

上式表明：在一个闭合电路中，电流强度与电源电动势成正比，与电路中内电阻和外电阻之和成反比，这一定律称全电路欧姆定律。

五、电功、电功率与热效应

(一) 电功

将电能转换成其他形式的能时，电流都要做功，电流所做的功叫电功。根据公式 $I = Q/t$ 及 $U = A/Q$ 和欧姆定律可得电功 A 的数学式为

$$A = UQ = IUt$$
$$或\ A = I^2Rt = (U^2/R)\ t$$

电功的单位是焦耳（J）。

(二) 电功率

单位时间内电流所做的功叫电功率，用字母 P 表示，其表达

式为

$$P = A/t$$

由部分电路欧姆定律可得常见功率的计算式。

$$P = IU = I^2R = U^2/R$$

电功率的单位是瓦特（W）。在实际工作中，功率的常用单位还有千瓦（kW）、毫瓦（mW），它们之间的关系为

$$1kW = 10^3 W = 10^6 mW$$

电源的电功率等于电源的电动势和电流的乘积（如图 1-9 所示）。

$$P_1 = EI$$

负载功率等于负载两端电压和通过负载的电流乘积（如图 1-9 所示）。

$$P_2 = UI$$

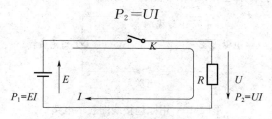

图 1-9 电源和负载的功率

（三）电流的热效应

电流通过导体时所产生的热量和电流值的平方、导体本身的电阻值以及电流通过的时间成正比。用公式表达就是：

$$Q = I^2Rt$$

这个关系式又叫楞次-焦耳定律，热量 Q 的单位是 J。为了避免设备过度发热，根据绝缘材料的允许温度，对于各种导线规定了不同截面下的最大允许电流值，又称安全电流。

第二节　直流电路、交流电路

一、直流电路

（一）电路

电流经过的路径称为电路，最简单的电路由电源、负载、导线和开关组成。电源是将其他形式的能量转换成电能的装置，负载是将电能转换成其他形式能量的设备和器件，一般称为用电器。连接导线起传输和分配电能的作用。

电路可用原理接线图来表示，如图 1-10 所示。

图 1-10　用原理接线图表示电路

有时为了突出电路的本质和进一步简化，把图 1-10 所示原理接线图画成常用的如图 1-11 所示的样子。

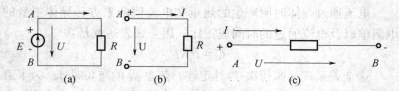

（a）用电动势表示电源；（b）用端电压表示电源；
（c）图（b）的简化画法（额定功率的工作状态）
图 1-11　电路图的几种画法

8

电路有外电路和内电路之分。从电源一端经负载再回到电源另一端的电路称为外电路。电源内部的通路称为内电路。电路通常有三种状态：

1. 通路

通路就是电路中的开关闭合，负荷中有电流流过。在通路状态下，根据负荷的大小，又分为满负荷、轻负荷、过负荷三种情况。负荷在额定功率下的工作状态叫满负荷；低于额定功率的工作状态叫轻负荷；高于额定功率的工作状态叫过负荷。由于过负荷很容易损坏电器，所以一般情况下都不允许出现过负荷。

2. 短路

如果电源或负荷的两端被导线直接接通，此种状态叫作短路。短路时电路中的电流会远远超过正常值，可能造成电气设备过热，甚至烧毁，严重时会引起火灾。同时，过大的短路电流将产生很大的电动力，也可能损坏电气设备。

3. 断路

把电路中的开关断开或因电路的某一部分发生断线，使电路不能闭合，此种状态称为断路。断路状态下电路中无电流，负荷不能运行。

（二）串联电路

在电路中，两个或两个以上的电阻按顺序连在一起，使电流只有一条通路，这种连接方式叫电阻的串联，如图 1-12（1）所示。下面以图 1-12 为例分析串联电路的特点：

1. 串联电路中流过每个电阻的电流都相等且等于总电流。即：

$$I = I_1 = I_2 = I_3 = \cdots = I_n$$

式中的脚标 1，2，…，n 代表第 1，第 2，第 n 个电阻（以下表示相同）。

2. 电路两端的总电压等于各个电阻两端的电压之和。即：

$$U=U_1+U_2+U_3+\cdots+U_n$$

3. 串联电路的等效电阻（即总电阻）等于各串联电阻之和。即：

$$R=R_1+R_2+R_3+\cdots+R_n$$

知道了等效电阻，就可将图 1-12（a）画成等效电路，见图 1-12（b）。

4. 在串联电路中，各电阻上分配的电压值与各电阻的阻值成正比。即：

$$U_n=\ (R_n/R)\ U$$

上式称为分压公式，R_n/R 称为分压比。

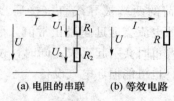

(a) 电阻的串联　　(b) 等效电路

图 1-12　电阻的串联

（三）并联电路

在电路中两个或两个以上的电阻一端连在一起，另一端也连在一起，使每一电阻两端都承受同一电压的作用，这种连接方式叫并联，如图 1-13（a）所示。

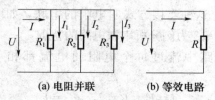

(a) 电阻并联　　　　(b) 等效电路

图 1-13　三个电阻的并联

下面以图 1-13 为例分析并联电路的特点：

1. 并联电路中各电阻两端的电压相等且等于电路两端的电

压，即：

$$U=U_1=U_2=U_3=\cdots=U_n$$

2. 并联电路中的总电流等于各电阻中的分电流之和，即：

$$I=I_1+I_2+I_3+\cdots+I_n$$

3. 并联电路的等效电阻值（即总电阻值）的倒数，等于各电阻电阻值倒数之和，即：

$$1/R=1/R_1+1/R_2+1/R_3+\cdots+1/R_n$$

计算出总电阻后，图 1-13（a）可等效为图 1-13（b）。

如果有 n 个相同的电阻并联，则总等效电阻值 $R=R_n/n$。由此 n 可见，并联等效电阻值总比任何一个支路的电阻值小。

4. 在电阻并联电路中，各支路分配的电流与该支路的电阻值成反比，即：

$$I_n=（R/R_n）I$$

上式称为分流公式，R/R_n 称为分流比。

二、交流电路

（一）交流电

在日常生活和工业生产中，所使用的电大多数都是交流电。直流电电流（或电压、电动势）的大小和方向都不随时间而变化。如果电流（或电压、电动势）的大小和方向都随时间变化而变化，就叫交流电。

交流电又可分为正弦交流电和非正弦交流电两类。正弦交流电的电流（或电压、电动势）随时间按正弦规律变化，如图 1-14 所示。非正弦交流电的电流（或电压、电动势）随着时间不按正弦规律变化。

本节只讨论正弦交流电。因为实际的发电机所产生的电动势和电流波形图基本上都是按正弦规律变化的。

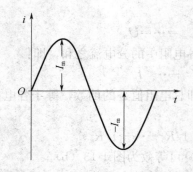 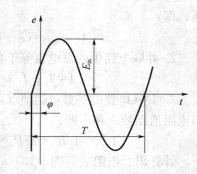

图 1-14　正弦交流电电流波形图　　图 1-15　正弦交流电电动势波形图

（二）正弦交流电的几个基本物理量

在讨论交流电路以前，应了解正弦交流电的几个基本物理量。正弦交流电的变化规律可用数学公式表示为

$$i = I_m \sin (\omega t + \varphi_i)$$
$$e = E_m \sin (\omega t + \varphi_i)$$
$$u = U_m \sin (\omega t + \varphi_i)$$

上述数学表达式还可用正弦曲线（如图 1-15 所示）来表示为正弦交流电动势的波形图。

1. 瞬时值和最大值

由于正弦交流电的电流（或电压、电动势）是随时间按正弦规律不断变化的，所以每一时刻的值都是不同的，把每一时刻的值叫作交流电的瞬时值。正弦电流、电压及电动势的瞬时值分别用 i、u 和 e 表示。瞬时值中的最大值，叫交流电的最大值（或峰值、振幅），用 I_m、E_m 表示。

2. 频率、角频率和周期

频率是指在 1 秒钟内交流电变化的次数，用 f 表示。其单位为赫兹（简称赫），用 Hz 表示。常用的单位还有千赫（kHz）、兆赫（MHz）。

$$1\text{kHz}=10^3\text{Hz}$$
$$1\text{MHz}=10^6\text{Hz}$$

正弦交流电表达式中的 ω 表示正弦交流电变化的快慢，称为角频率。因正弦交流电完成一次循环而相应的角度变化为 2π 弧度，如每秒完成 f 次循环，则相应的角度变化为 $2\pi f$ 弧度。即

$$\omega=2\pi f$$

周期是指交流电变化一次所需要的时间，用 T 表示。单位是秒，用 s 表示。周期与频率是互为倒数的，即

$$F=1/T$$

目前，我国的供电系统采用的交流电的频率为 50Hz，周期为 0.02s。

3. 相位和相位差

在正弦交流电的数学表达式中，$(\omega t+\varphi)$ 称为相位或相位角。因为它随时间而变化，所以在变化过程中能反映出正弦量的瞬时值的大小。

$t=0$ 时的相位角称为初相位角或初相位，它确定正弦量的初始值。当 $\varphi_i=0$ 时，表达式 $i=I_\text{m}\sin(\omega t+\varphi_i)$ 可变为 $i=I_\text{m}\sin\omega t$，称它为正弦参考量。

相位差是指两个相同频率的正弦交流电的相位或初相位之差。它表示两个正弦量各自达到其最大值（或零值）时的时间差。若两个同频率的正弦交流电压同时到达零值或最大值，则二者为同相位，相位差为零。

（三）三相交流电路

三相交流电即电路中的电源同时有三个交变电动势，这三个电动势的最大值相等、频率相同、相位互差 120°，也称为对称三相电动势。三相电源的三个绕组及三相负载，其常用的连接方式有两种：星形（Y）连接和三角形（△）连接。

（四）三相功率

电能使灯泡发光、电炉发热、电动机带动机器，这些都是电能做功的表现。做功的效果用电功率来衡量。所以三相电路计算中除了要计算电流、电压、电阻等以外，常常还要计算电流的功率。

在实际工作中，很多电气设备都标出它们的功率值，以说明它们做功能力的大小。

负载接在三相电源上，不论负载是星形连接或是三角形连接，它所消耗的总的有功功率必定等于各相有功功率之和，即

$$P = P_a + P_b + P_c$$

当负载对称时，每相的有功功率是相等的。

三、安全电压与电气隔离

（一）安全电压

1. 概念

根据欧姆定律，电压越高，电流也就越大。因此，可以把可能加在人身上的电压限制在某一范围之内，使得在这种电压下，通过人体的电流不超过允许的范围。这一电压就叫安全电压，也叫安全特低电压。应当指出，任何情况下都不要把安全电压理解为绝对没有危险的电压。具有安全电压的设备属于Ⅲ类设备。

2. 安全电压限值和额定值

（1）限值

限值为任何运行情况下，任何两导体间不可能出现的最高电压值。我国标准规定工频电压有效值的限值为 50V、直流电压的限值为 120V。

一般情况下，人体允许电流可按摆脱电流考虑；在装有防止电击的速断保护装置的场合，人体允许电流可按 30mA 考虑。我国规定工频电压 50V 的限值是根据人体允许电流 30mA 和人体电

阻 1700Ω 的条件确定的。

我国标准还推荐：当接触面积大于 1cm² 、接触时间超过 1s 时，干燥环境中工频电压有效值的限值为 33V、直流电压限值为 70V；潮湿环境中工频电压有效值的限值为 16V、直流电压限值为 35V。

（2）额定值

我国规定工频有效值的额定值有 42V、36V、24V、12V 和 6V。特别危险环境中使用的手持电动工具应采用 42V 安全电压；有电击危险环境中使用的手持照明灯和局部照明灯应采用 36V 或 24V 安全电压；金属容器内、特别潮湿处等特别危险环境中使用的手持照明灯应采用 12V 安全电压；水下作业等场所应采用 6V 安全电压。当电气设备采用 24V 以上安全电压时，必须采取直接接触电击的防护措施。

3. 安全电压电源和回路配置

（1）安全电源

通常采用安全隔离变压器作为安全电压的电源。其接线如图 1-16 所示。除隔离变压器外，具有同等隔离能力的发电机、蓄电池、电子装置等均可做成安全电压电源。但不论采用什么电源，安全电压边均应与高压边保持加强绝缘的水平。

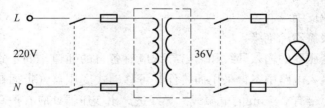

图 1-16　安全隔离变压器的接线图

采用安全隔离变压器做安全电压的电源时，这种变压器的一次与二次之间有良好的绝缘；其间还可用接地的屏蔽隔离开来。安全隔离变压器各部绝缘电阻不得低于下列数值：

带电部分与壳体之间的工作绝缘	2MΩ
带电部分与壳体之间的加强绝缘	7MΩ
输入回路与输出回路之间	5MΩ
输入回路与输入回路之间	2MΩ
输出回路与输出回路之间	2MΩ
Ⅱ类变压器的带电部分与金属物体之间	2MΩ
Ⅱ类变压器的金属物件与壳体之间	5MΩ
绝缘壳体上内、外金属物件之间	2MΩ

安全隔离变压器的额定容量，单相变压器不得超过 10kV·A、三相变压器不得超过 16kV·A、电铃用变压器的额定容量不应超过 100V·A；安全隔离变压器的额定电压，交流电压有效值不得超过 50V、脉动直接电压不得超过 50$\sqrt{2}$ V、电铃用变压器的分别不应超过 24V 和 24$\sqrt{2}$ V。当环境温度为 35℃时，安全隔离变压器的各部最高温升不得超过下列数值：

金属握持部分	20℃
非金属握持部分	40℃
金属非握持部分的外壳	25℃
非金属非握持部分的外壳	50℃
接线端子	35℃
橡皮绝缘	30℃
聚氯乙烯绝缘	40℃

变压器的输入导线和输出导线应有各自的通道。固定式变压器的输入电路中不得采用插接件。可移动式变压器（带插销者除外）应带有 2～4m 的电源线。导线进、出变压器处应有护套。

（2）回路配置

安全电压回路的带电部分必须与较高电压的回路保持电气隔离，并不得与大地、保护导体或其他电气回路连接，但变压器一次与二次之间的屏蔽隔离层应按规定接地或接零。如变压器不具备加强绝缘的结构，二次边宜接地或接零，以减轻一次与二次短接的危险。对于普通绝缘的电源变压器，一次线长度不得超过3m、并不得带入金属容器内使用。

安全电压的配线最好与其他电压等级的配线分开敷设。否则，其绝缘水平应与共同敷设的其他较高电压等级配线的绝缘水平一致。

（3）插座

安全电压的设备的插销座不得带有接零或接地插孔。为了保证不与其他电压的插销座有插错的可能，安全电压应采用不同结构的插销座，或者在其插座上有明显的标志。

（4）短路保护

为了进行短路保护，安全电压电源的一次边、二次边均应装设熔断器。变压器的过流保护装置应有足够的容量。一般不采用自动复位装置。

4. 功能特低电压

如果电压值与安全电压值相符，而由于功能上的原因，电源或回路配置不完全符合安全电压的条件，则称之为功能特低电压。其补充安全要求为：装设必要的屏护或加强设备的绝缘，以防止直接接触电击；当该回路同一次边保护零线或保护地线连接时，一次边应装设防止电击的自动断电装置，以防止间接接触电击。其他要求与安全电压相同。

5. 安全电压的选用

在安全电压的额定值中，42V 和 36V 可在一般和较干燥环境使用；而 24V 以下是在较恶劣环境中允许使用的电压等级，如容器内、过道内、铁平台上、隧道内、矿井内、潮湿环境等。

（二）电气隔离

电气隔离是采用电压比为 1∶1，即一次边、二次边电压相等的隔离变压器实现工作回路与其他电气回路的隔离。

1. 电气隔离安全原理

如图 1-17 所示，电气隔离安全实质是将接地的电网转换成一范围很小的不接地电网。在正常情况下，图中 a、b 两人的遭遇是大不相同的。由于 N 线（或 PEN 线）是直接接地的，流经 a 的电流将沿系统的工作接地和重复接地成回路，a 的危险性很大；而流经 b 的电流只能沿绝缘电阻和分布电容构成回路，电击危险性可以得到控制。

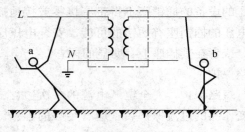

图 1-17　电气隔离原理图

2. 电气隔离的安全条件

应用电气隔离须满足以下安全条件：

（1）隔离变压器必须具有加强绝缘的结构，其温升和绝缘电阻要求与安全隔离变压器相同，这种隔离变压器还应符合下列要求：

① 最大容量单相变压器不得超过 25kV·A，三相变压器不得超过 40kV·A。

② 空载输出电压不应超过 1000V，脉动电压不应超过 $1000\sqrt{2}$ V，负载时电压降低一般不得超过额定电压的 5%～15%。

③ 隔离变压器具有耐热、防潮、防水及抗震结构；不得用赛璐珞等易燃材料作结构材料；手柄、操作杆、按钮等不应带电；外壳应有足够的机械强度，一般不能被打开，并应能防止偶然触及带电部分；盖板至少应由两种方式固定，其中，至少有一种方式必须使用工具实现。

④ 除另有规定外，输出绕组不应与壳体相连；输入绕组不应与输出绕组相连；绕组结构应能防止出现上述连接的可能性。

⑤ 电源开关应采用全极开关，触头开距应大于 3mm；输出插座应能防止不同电压的插销插入；固定式变压器输入回路不得采用插接件；移动式变压器可带有 2～4m 电源线。

⑥ 当输入端子与输出端子之间的距离小于 25mm 时，则其间须用与变压器连成一体的绝缘隔板隔开。

⑦ Ⅰ类变压器应有保护端子，其电源线中应有一条专用保护线；Ⅱ类变压器没有保护端子。

（2）二次边保持独立，即不接大地，也不接保护导体及其他电气回路。如图 1-18 所示，如果变压器的二次边接地，则当有人在二次边受单相电击时，电流很容易流经人体和二次边接地点构成回路。因此凡采用电气隔离作为安全措施者，还必须有防止二次回路故障接地及串联其他回路的措施。因为一旦二次边发生接地故障，这种措施将完全失去安全作用。对于二次边回路线路较长者，还应装设绝缘监视装置。

（3）二次边线路电压过高，都会降低回路对地绝缘水平，增大故障接地的危险，并增大故障接地电流。因此，必须限制电源电压和二次边线路的长度。按照规定，应保证电源电压 $U \leqslant 500\text{V}$、线路长度 $L \leqslant 200\text{m}$、电压与长度的乘积 $UL \leqslant 100\text{kV} \cdot \text{m}$。

（4）等电位连接

图 1-19 中的虚线是等电位连接线。如果没有等电位连接线，当隔离回路中两台相距较近的设备发生不同相线的碰壳故障时，这两台设备的外壳将带有不同的对地电压。如果有人同时触及这两台设备，则接触电压为线电压，电击危险性极大。因此，如隔离回路带有多台用电设备（或器具），则各台设备（或器具）的金属外壳应采取等电位连接措施。这时，所用插座应带有等电位

连接的专用插孔。

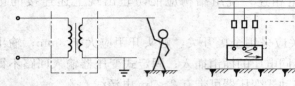

图 1-18　变压器二次边接地的危险　　图 1-19　电气隔离的等电位连接

四、电磁感应

（一）直导体中产生的感生电动势

如图 1-20 所示，当导体在磁场中静止不动或沿磁力线方向运动时，检流计的指针都不偏转；当导体向下或磁体向上运动时，检流计指针向右偏转一下；当导体向上或磁体向下运动时，检流计指针向左偏转一下。而且导体切割磁力线的速度越快，指针偏转的角度越大。上述现象说明，感生电流不但与导体在磁场中的运动方向有关，而且还与导体的运动速度 v 有关。

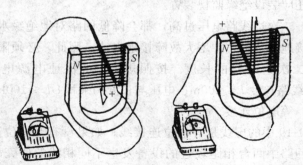

图 1-20　导电回路切割磁力线时产生感生电动势和感生电流

直导体中产生的感生电动势的大小为

$$e = BvL\sin\alpha$$

若磁通密度 B 的单位为 T，v 的单位为 m/s，L 的单位为 m，则 e 的单位为 V。当导体垂直磁力线（即导体在磁场中的有效长度 $L\sin a = L\sin 90° = L$）时，感生电动势最大

$$E_m = BvL$$

导体中产生的感生电动势方向可用右手定则来判断，如图 1-21 所示：平伸右手，拇指与其余四指垂直，让掌心正对磁场 N 极，以拇指指向表示导体的运动方向，则其余四指的指向就是感生电动势的方向。

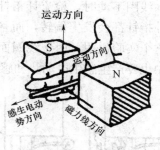

图 1-21　右手定则

（二）楞次定律

如图 1-22 所示，当我们把一条形磁铁的 N 极插入线圈时，检流计指针将向右偏转，见图 1-22（a）。当磁铁在线圈中静止时，检流计指针不偏转，见图 1-22（b）。当把磁铁从线圈中拔出时，检流计指针反向偏转，见图 1-22（c）。若改用磁铁的 S 极来重复上述实验，则当 S 极插入线圈和从线圈中拔出时，检流计指针的偏转方向与图 1-22（a）和图 1-22（c）相反。当 S 极插入线圈后静止不动时，检流计指针仍不偏转。这个实验说明：当磁通发生变化时，闭合线圈中要产生感生电动势和感生电流。而且磁铁插入线圈和从线圈中拔出磁铁时，感生电流的方向相反。

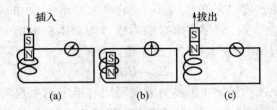

图 1-22　条形磁铁在线圈中运动而引起感生电流

我们还可做如图 1-23 所示实验。弹簧线圈放在磁场中，它的两端和检流计相连。线圈不动时，检流计指针不动；当把线圈拉伸或压缩时，检流计指针都会发生偏转，而且两种情况下，指针的偏转方向相反。这个实验说明，由于线圈面积变化而引起磁通变化时，闭合线圈中也要产生感生电动势和感生电流。

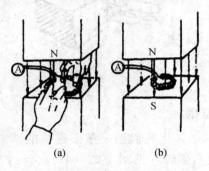

图 1-23　由于线圈面积变化而引起感生电流

通过大量实验可得出以下两个结论：

第一，导体中产生感生电动势和感生电流的条件是：导体相对于磁场做切割磁力线运动或线圈中的磁通发生变化时，导体或线圈中就产生感生电动势；若导体或线圈是闭合电路的一部分就会产生感生电流。

第二，感生电流产生的磁场总是阻碍原磁通的变化。也就是说，当线圈中的磁通要增加时，感生电流就要产生一个磁场去阻碍它增加；当线圈中的磁通要减少时，感生电流所产生的磁场将阻碍它减少。这个规律是楞次于 1834 年首次发现的，所以称为楞次定律。

楞次定律为我们提供了一个判断感生电动势或感生电流方向的方法，具体步骤是：

（1）首先判定原磁通的方向及其变化趋势（即增加还是减少）。

（2）根据感生电流的磁场（俗称感生磁场）方向永远和原磁通变化趋势相反的原理确定感生电流的磁场方向。

（3）根据感生磁场的方向，用安培定则就可判断出感生电动势或感生电流的方向。应当注意，必须把线圈或导体看成是一个电源。在线圈或直导体内部，感生电流从电源的"－"端流到"＋"端；在线圈或直导体外部，感生电流由电源的"＋"端经负载流回"－"端。因此，在线圈或导体内部感生电流的方向永远和感生电动势的方向相同（图 1-24）。

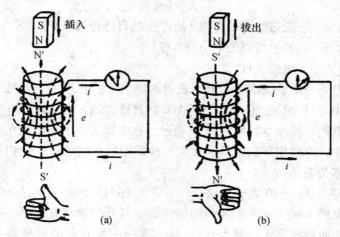

图 1-24　磁铁插入和拔出线圈时感生电流的方向

(三) 法拉第电磁感应定律

楞次定律说明了感生电动势的方向，而没有回答感生电动势的大小。线圈中感生电动势的大小与线圈中磁通的变化速度（即变化率）成正比。这个规律，就叫法拉第电磁感应定律。即图1-24中，检流计指针偏转角度的大小与磁铁插入或拔出线圈的速度有关，当速度越快时，指针偏转角度越大，反之越小。而磁铁插入或拔出的速度，正是反映了线圈中磁通变化的快慢。

(四) 自感

由于流过线圈本身的电流发生变化，而引起的电磁感应叫自感现象，简称自感。由自感产生的感生电动势称自感电动势，用 e_L 表示。自感电流用 i_L 表示。

为找出 e_L 和外电流 i 之间的关系，我们把线圈中通过单位电流所产生的自感磁通数称作自感系数，也称电感量，简称电感，用 L 表示。其数学式为

$$L = \varphi/i$$

式中　φ——流过线圈的电流 i 所产生的自感磁通（Wb）；

　　　i——流过线圈的电流（A）；

　　　L——电感（H）。

电感是衡量线圈产生自感磁通本领大小的物理量。如果一个线圈中通过 1A 电流，能产生 1Wb 的自感磁通，则线圈的电感就叫 1 亨利，简称亨，用字母 H 表示。在实际工作中，特别在电子技术中，有时用亨利做单位太大，常采用较小的单位。它们与亨的换算关系是：

1 亨（H）$=10^3$ 毫亨（mH）　1 毫亨（mH）$=10^3$ 微亨（μH）

电感 L 的大小不但与线圈的匝数以及几何形状有关（一般情况下，匝数越多，L 越大），而且与线圈中媒介质的磁导率有密切关系。对有铁芯的线圈，L 不是常数，对空心线圈，当其结构一定时，L 为常数。我们把 L 为常数的线圈叫线性电感，把线圈

统称电感线圈，也称电感器或电感。

由于自感也是电磁感应，必然遵从法拉第电磁感应定律，所以将 $\varphi = LI$ 带入

$$e_{\mathrm{L}} = -L \times \Delta I / \Delta t$$

式中 $\Delta I / \Delta t$ 为电流的变化率（单位是 A/s），负号表示自感电动势的方向永远和外电流的变化趋势相反。

通过以上讨论，可以得出结论：

（1）自感电动势是由通过线圈本身的电流发生变化而产生的。

（2）对于线性电感，自感电动势的大小在 Δt 时间内的平均值等于电感和电流变化率的乘积。当 L 一定时，流过电感的电流变化越快，e_{L} 越大。若重复图 1-25 所示实验我们将会发现，打开开关的速度越快，线圈中电流的变化就越快，e_{L} 就越大，从而灯泡的闪光就越强。

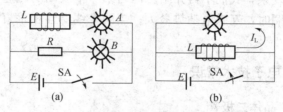

图 1-25　自感实验电路

（3）自感电动势的方向可用楞次定律判断，即：线圈中的外电流 i 增大时，感生电流的方向与 i 的方向相反；外电流 i 减小时，感生电流的方向与 i 的方向相同，如图 1-26 所示。

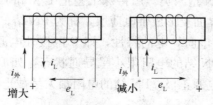

图 1-26　自感电动势的方向

自感对人们来说，既有利又有弊。例如，日光灯是利用镇流器中的自感电动势来点燃灯管的，同时也利用它来限制灯管的电流；但在含有大电感元件的电路被切断的瞬间，因电感两端的自感电动势很高，在开关刀口的断开处会产生电弧，容易烧坏刀口，或者容易损坏设备的元器件，这都要尽量避免。通常在含有大电感的电路中都有灭弧装置。最简便的办法是在开关或电感两端并接一个适当的电阻或电容，或先将电阻和电容串接然后接到电感两端。

（五）互感

由一个线圈中的电流发生变化在另一线圈中产生电磁感应的现象，叫互感现象，简称互感。由互感产生的感生电动势称互感电动势。互感电动势的大小正比于穿过本线圈磁通的变化率，或正比于另一线圈中电流的变化率。在一般情况下，互感电动势的计算比较复杂，我们不再介绍。但当第一个线圈的磁通全部穿过第二个线圈时，互感电动势最大；当两个线圈互相垂直时，互感电动势最小。

五、电子技术常识

（一）晶体二极管

1. PN 结及其特性

半导体是一种导电能力介于导体与绝缘体之间的物质，常用的半导体是硅和锗。在半导体中掺入微量的有用杂质后，半导体可分为 P 型和 N 型两类。用特殊工艺把 P 型和 N 型半导体结合在一起，在交界面上形成带电薄层，称为 PN 结。

PN 结具有单向导电的特性，即 P 区接外电源正极，N 区接外电源负极，PN 结的电阻很小呈导通状态，如 P 区接外电源负极，N 区接外电源正极，PN 结的电阻很大呈截止状态。

2. 属体二极管结构

把 PN 结的 P 区和 N 区各接出一条引线，再封装在管壳里，就构成一只二极管的结构符号，如图 1-27 所示。P 区引出线为阳极（正极），N 区引出线为阴极（负极）。二极管按内部结构分为两大类，即点接触型和面接触型。按制造材料分为硅二极管和锗二极管两种。

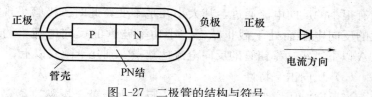

图 1-27　二极管的结构与符号

3. 二极管的伏安特性

所谓二极管的伏安特性就是加到二极管两端的电压与流过二极管的电流之间的关系。二极管的伏安特性可用一条曲线来表示，即为二极管的伏安特性曲线，如图 1-28 所示。

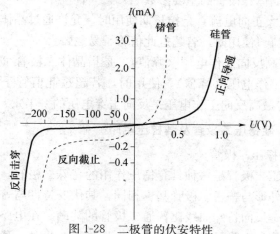

图 1-28　二极管的伏安特性

（1）正向导通特性

当二极管为正向接法时，正向电压由零开始增加的一段，由于外加电压很小，二极管中基本上没有电流通过，这一段电压称为"死区电压"。硅管的死区电压约为 0.7V，锗管死区电压约为 0.3V。当外加电压超过死区电压，电流随电压的增加才有明显的上升，二极管呈现很小的正向电阻而导通。

（2）反向截止特性

当二极管为反向接法时，在一定的反向电压范围内，二极管只有很小的反向电流通过，其大小几乎不变，此时二极管呈现很大的反向电阻而处于截止状态。小功率硅管的反向电流，约在 $1\mu A$ 以下，小功率锗管的反向电流达几微安到几十微安以上。

（3）反向击穿特性

当反向电压增大到某一数值时，反向电流就会突然剧增，二极管失去了单向导电性而被"反向击穿"。这时所加的反向电压称为"反向击穿电压"，二极管在正常工作时是不允许出现这种情况的。

（4）晶体二极管的主要参数

① 最大正向电流：是指长期使用时，允许通过晶体二极管最大正向电流。使用时，若超过此值管子易烧毁。

② 最高反向工作电压（峰值）。是指晶体二极管可能承受的最高反向工作电压（峰值）。使用时，若超过此值管子易被击穿（一般规定最高反向工作电压是反向击穿电压的一半）。

（二）硅稳压二极管及其稳压电路

1. 硅稳压二极管

硅稳压二极管是一种具有稳压作用的特殊二极管，简称稳压管。它的外形与普通二极管基本相同，其伏安特性与普通二极管相似，只是反向特殊曲线比普通二极管的陡峭。在电路中稳压管与适当数值的电阻配合后能起稳定电压作用。另外，稳压管工作在反向击穿状态，因此在电路中必须反接，如果稳压管的极性接错则不能起到稳压作用。

2. 稳压管稳压电路

图 1-29 是一种最简单的稳压管稳压电路。单相交流电经过桥式整流电路和电容滤波电路得到脉动变化较小的直流电压 U_0，再经过限流电阻 R 和稳压管 V 组成的稳压电路后，接到负载电阻 R_L 上。这样负载就可以得到比较稳定的输出电压 U_L。

引起电压不稳定的主要原因是交流电源电压的波动和负载电流的变化。稳压管稳压电路是通过稳压管电流的调节和限流电阻压降的补偿作用而使输出电压 U_L 实现基本稳定的。

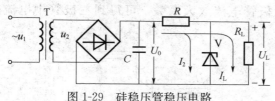

图 1-29 硅稳压管稳压电路

（三）晶体三极管

1. 三极管的结构

在一块极薄的硅或锗基片上制作两个 PN 结，并从 P 区和 N 区各引出接线，就构成了晶体三极管，它有三个电极，一个是基极 b，另两个是发射极 e 和集电极 c。由于有两个 PN 结，所以组成的形式有 PNP 和 NPN 两种，结构与符号如图 1-30 所示。

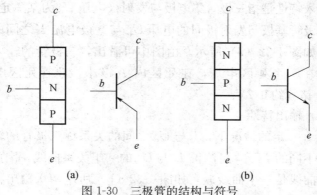

(a)   (b)

图 1-30 三极管的结构与符号

2. 三极管的电流放大作用

以硅 NPN 型三极管为例，按图 1-31 所示接在电路中。其发射结处于正向偏置、集电结处于反向偏置时，三极管是放大状态，通过实验可得到

$$I_e = I_b + I_c \qquad 且 \ I_e \approx I_c$$

三极管基极输入的微小基极电流 I_b 引起了集电极电流 I_c 的较大变化，规定

$$\Delta I_c / \Delta I_b = \beta$$

β 为三极管电流放大系数，可得到三极管中电流间的相互关系。

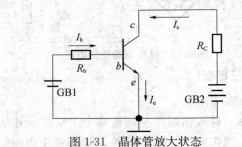

图 1-31　晶体管放大状态

3. 三极管的输入、输出特性

（1）输入特性

输入特性是指三极管集电极与发射极电压 U_{ce} 为某一定值时，加在三极管基极与发射极间的电压 U_{be} 与基极电流 I_b 之间的关系曲线，如图 1-32（a）所示。由图中可看出，三极管的输入特性中也存在一个死区电压，在死区内 I_b 极小，硅管死区电压约 0.5V，锗管约 0.2V。

（2）输出特性

在 I_b 一定的情况下，I_c 与 U_{ce} 之间的关系称三极管的输出特性。在不同的 I_b 下，可测得 I_c 与 U_{ce} 的一组关系曲线，因此，输出特性曲线是一个曲线族，如图 1-32（b）所示。从输出特性曲

线中可以观察到，三极管的工作状态可以分成三个区域：

① 截止区：截止区的特点是，在 $I_b=0$ 时，$I_c\neq0$，此时的 I_c 叫穿透电流。此区域内三极管无放大作用。

② 饱和区：在三极管放大电路中，集电极接有一定的电阻 R_c，当电源电压一定时，增大 I_c 时，U_{ce} 必定会减小（$U_{ce}=E_c-I_cR_c$）。当 U_{ce} 小到一定程度时，再增大 I_b，I_c 不再增大，三极管失去了放大作用。

③ 放大区：放大区在截止区和饱和区之间，在中间部分的 I_c 大小主要取决于 I_b。在这个区间内，I_c 随 I_b 成正比例增长，I_b 每增加一定数量，特性曲线就向上移一次，I_c 的变化是 I_b 变化的 β 倍。

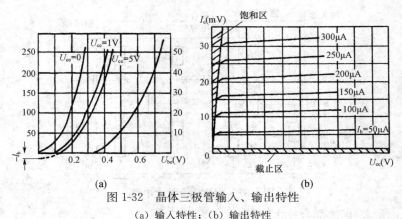

图 1-32　晶体三极管输入、输出特性
（a）输入特性；（b）输出特性

（四）多级放大电路

在生产实践中，一些信号需经多级放大才能达到负载的要求。可由若干个单级放大电路组成的多级放大器来承担这一工作。在多级放大电路的前面几级，主要用作电压放大，大多采用阻容耦合方式；在最后的功率输出级中，常采用变压器耦合方式；在直流放大电路及线性集成电路中，常采用直接耦合方式。

1. 阻容耦合方式

如图 1-33 所示，放大电路级与级之间的连接方式称为耦合。第一级放大电路的输出端是通过电容 C_2 与下级电路的输入端连接起来的，叫阻容耦合。电容 C_2 起着耦合交流隔离直流的作用，因而保证各级的静态工作点独立设置、互不影响。同样 C_1 和 C_3 分别为输入端和输出端的耦合电容，利用它们能够耦合输入交流信号进行放大和推动负载。

阻容耦合放大电路不适宜放大变化缓慢的信号，因为这类信号在通过电容时由于容抗很大，将受到很大衰减。为了使交流信号顺利地通过，低频放大电路的耦合电容都采用容量较大的电解电容，连接时必须注意极性。

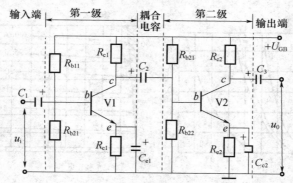

图 1-33 阻容耦合放大电路

2. 直接耦合放大电路

把前一级的输出端直接接到后一级的输入端，这种形式的放大电路称为直接耦合放大电路，如图 1-34（a）所示。它将后级基极直接与前级集电极连接，即后级的基极电位就是前级的集电极电位，并且前级负载电阻 R_c 又是后极的基极偏置电阻。两级放大直接耦合后，两级放大器的工作点都大大改变，使整个放大器不能工作。为了保证每级有合适的静态工作点，使信号有效地传送到下一级，采用图 1-34（b）所示电路，在后级的射极电路加电阻 R_{e2} 的方法，使后级放大器建立起合适的静态工作点，从而使整个放大器得以正常工作。图中 R_{e2} 也可以用稳压管 V3 来代替，如图 1-34（c）所示。

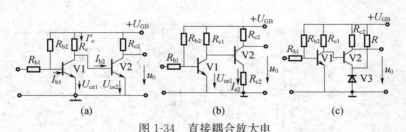

图 1-34　直接耦合放大电

（a）直接耦合放大电路；（b）发射极串接电阻；（c）发射极串接稳压管

　　直流放大器最常用的是差动放大电路，图 1-35 是用两个特性完全相同的三极管组成的最简单的差动放大电路。其信号由两基极输入，两集电极输出。该电路工作点稳定，级间耦合容易。

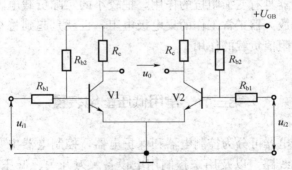

图 1-35　差动放大器原理图

3. 变压器耦合

　　一般情况下，当放大器将微弱的信号放大后，总是要去驱动或控制执行机构，如喇叭声响、电机转动等，这样的负载不仅要求有较大的电压输出，还要有较大的电流输出，也就是要求输出较大的功率。前面介绍的电压放大器，输出信号的功率一般都比较小不能满足要求。可利用变压器作为集电极负载，并通过变压器耦合把输出功率传送给负载 R_t，其电路又称为功率放大器，如图 1-36 所示。

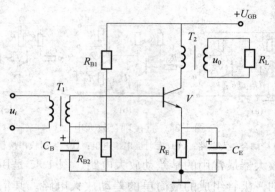

图 1-36 单管功率放大电路

变压器具有变换阻抗的作用，把较小的实际负载电阻转换成为有利于放大器正常工作的集电极电阻，也就是起到将小负载改变为较大阻值负载的作用。

第三节　常用低压配电装置

低压电器可分为控制电器和保护电器，控制电器主要用来接通和断开线路，以及用来控制用电设备。刀开关、低压断路器、电磁启动器属于低压控制电器。保护电器主要用来获取、转换和传递信号，并通过其他电器对电路实现控制。熔断器、热继电器属于低压保护电器。

一、保护电器

保护电器主要包括各种熔断器、磁力启动器的热断电器、电磁式过电流继电器和失压（欠压）脱扣器、低压断路器的热脱扣器、电磁式过电流脱扣器和失压（欠压）脱扣器等。继电器和脱扣器的区别在于：前者带有触头，通过触头进行控制；后者没有触头，直接由机械运动进行控制。

（一）保护类型

保护电器分别起短路保护、过载保护和失压（欠压）保护的作用。

短路保护是指线路或设备发生短路时，迅速切断电源。熔断器、电磁式过电流继电器和脱扣器都是常用的短路保护装置。应当注意，在中性点直接接地的三相四线制系统中，当设备碰壳接地时，短路保护装置应该迅速切断电源，以防触电。在这种情况下，短路保护装置直接承担人身安全和设备安全两方面的任务。

过载保护是当线路或设备的载荷超过允许范围时，能延时切断电源的一种保护。热继电器的热脱扣器是常用的过载保护装置；熔断器可用作照明线路或其他没有冲击载荷的线路或设备的过载保护装置。由于设备损坏往往造成人身事故，过载保护对人身安全也有很大意义。

失压（欠压）保护是当电源电压消失或低于某一限度时，能自动断开线路的一种保护。其作用是当电压恢复时，设备不致突然启动，造成事故；同时，能避免设备在过低的电压下勉强运行而不损坏。

（二）电气设备外壳防护等级

电机和低压电器的外壳防护包括两种防护：第一种防护是对固体异物进入内部以及对人体触及内部带电部分或运动部分的防护；第二种防护是对水进入内部的防护。外壳防护等级按如下方法标志：

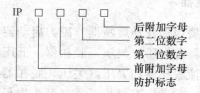

其中，第一位数字表示第一种防护形式等级；第二位数字表示第二种防护形式等级，仅考虑一种防护时，另一位数字用"X"代替。前附加字母是电机产品的附加字母，W表示气候防护式电机、R表示管道通风式电机；后附加字母也是电机产品的附加字母，S表示在静止状态下进行第二种防护形式试验的电机，M表示在运转状态下进行第二种防护形式试验的电机。如不需特别说明，附加字母可以省略。

第一种防护分为7级。各级防护性能见表1-1。

第二种防护分为9级。各级防护性能见表1-2。

例如，IP54为防尘、防溅型电气设备；IP65为尘密、防喷水型电气设备。

失压（欠压）保护由失压（欠压）脱扣器等元件执行。

表1-1　电气设备第一种防护性能

防护等级	简　称	防护性能
0	无防护	没有专门的防护
1	防护大于50mm的固体	能防止直径大于50mm的固体异物进入壳内；能防止人体的某一大面积部分（如手）偶然或意外触及壳内带电或运动部分，但不能防止有意识地接近这些部分
2	防护大于12mm的固体	能防止直径大于12mm的固体异物进入壳内；能防止手指触及壳内带电或运动部分①
3	防护大于2.5mm的固体	能防止直径大于2.5mm的固体异物进入壳内；能防止厚度（或直径）大于2.5mm的工具、金属线等触及壳内带电或运动部分①②

续表

防护等级	简　称	防护性能
4	防护大于1mm 的固体	能防止直径大于 1mm 的固体异物进入壳内；能防止厚度（或直径）大于 1mm 的工具、金属线等触及壳内带电或运动部分
5	防尘	能防止灰尘进入达到影响产品正常运行的程度；能完全防止触及壳内带电或运动部分①
6	尘密	能完全防止灰尘进入壳内；能完全防止触及壳内带电或运动部分①

①对用同轴风扇冷却的电机，风扇的防护应能防止其风叶或轮辐被"试指"触及在出风口，直径 50mm 的"试指"插入时，不能通过护板。

②不包括泄水孔，泄水孔不应低于第 2 级的规定。

表 1-2　电气设备第二种防护性能

防护等级	简　称	防护性能
0	无防护	没有专门的防护
1	防滴	垂直的滴水不能直接进入产品的内部
2	15°防滴	与垂线呈 15°角范围内的滴水不能直接进入产品内部
3	防淋水	与垂线呈 60°角范围内的淋水不能直接进入产品内部
4	防溅	任何方向的溅水对产品应无有害的影响
5	防喷水	任何方向的喷水对产品应无有害的影响
6	防海浪或强力喷水	强烈的海浪或强力喷水对产品应无有害的影响
7	漫水	产品在规定的压力和时间下浸在水中，进水量应无有害影响
8	潜水	产品在规定的压力下长时间浸在水中，进水量应无有害影响

（三）熔断器

熔断器有 RM 系列和 RT 系列的管式熔断器、RL 系列的螺塞式熔断器、RC1A 系列的插式熔断器，还有盒式熔断器及其他形式的熔断器。几种典型熔断器的结构如图 1-37 所示。管式熔断器有两种，RM 系列的是配用纤维材料管，由纤维材料分解大量气体灭弧；RT 系列的是配用陶瓷管，管内填充石英砂，由石英砂冷却和熄灭电弧。填料管式熔断器和螺塞式熔断器都是封闭式结构，电弧不容易与外界接触，适用范围较广。管式熔断器多用于较大容量的线路。螺塞式熔断器多用于中、小容量的线路或设备。插式熔断器和盒式熔断器都是防护式结构，用于所在环境条件较好的中、小容量的线路或设备。

熔断器的熔体做成丝或片的形状。低熔点熔体由锡铅合金等材料制成。

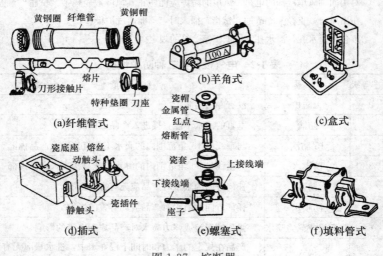

图 1-37　熔断器

保护特性和分断能力是熔断器的主要技术指标。流过熔体的电流与熔断时间的关系称作熔断器的保护特性。熔断器的保护特性是较陡的反时限曲线，而且有一个临界电流 I_b。在临界电流长时间的作用下，熔体能达到刚刚不熔断的稳定温度。熔体的额定电流小于其临界电流。临界电流与额定电流之比为熔化系数。熔化系数越小，则过载保护的灵敏度越高。10A 及 10A 以下的熔体系数约为1.5；10A以上、30A及30A以下的约为1.4；30A以上约为1.3。熔断器的保护特性虽然带有反时限特性，但由于热容量小，动作很快，仍宜于用作短路保护元件。

　　分断能力是指熔断器在额定电压及一定的功率因数下切断短路电流的极限能力。因此，通常用极限分断电流表示分断能力。填料管式熔断器的分断能力较强。

　　选用熔断器时，应注意其防护形式满足生产环境的要求；其额定电压符合线路电压；其额定电流满足安全条件和工作条件的要求；其极限分断电流大于线路上可能出现的最大故障电流；其保护特性应与保护对象的过载特性相适应；在多级保护的场合，为了满足选择性的要求，上一级熔断器的熔断时间一般应大于下一级的3倍。为保护硅整流装置，应采用有限流作用的快速熔断器。对于笼型电动机，熔体额定电流按下式选取：

$$I_F = （1.5～2.5）I_M$$

式中　I_F——熔体额定电流，A；

　　　　I_M——电动机额定电流，A。

　　对于多台笼型电动机，熔体额定电流按下式选取：

$$I_F = （1.5～2.5）I_{MM} + \sum_i^n I_i$$

式中　I_{MM}——最大一台电动机的额定电流，A；

　　　　n——电动机台数，A。

　　以上两式中，如系轻载启动或减压启动，应取用较小的计算系数；如系重载启动或全压启动，应取用较大的计算系数。对于电力电容器，熔体额定电流按下式选取：

$$I_F = （1.5～2.5）I_M　（单台）$$

$$I_F = （1.3～1.8）I_C　（电容器组）$$

式中　I_C——电容器额定电流，A

　　同一熔断器可以配用几种不同规格的熔体，但熔体的额定电流不得超过熔断器的额定电流。熔断器的熔体与触刀、触刀与刀座应保持接触良好，触头钳口应有足够的压力。在有爆炸危险的环境，不得装设电弧可能与周围介质接触的熔断器；一般环境也必须考虑防止电弧飞出的措施。应当在停电以后更换熔体；不能轻易改变熔体的规格；不得使用不明规格的熔体，更不准随意使用铜丝或铁丝代替熔丝。

（四）热继电器

热继电器和热脱扣器也是利用电流的热效应做成的。热继电器的基本结构如图 1-38 所示。它主要由热元件、双金属片、扣板、拉力弹簧、绝缘拉板、触头等元件组成。负荷电流通过热元件，并使其发热。在它近旁的双金属片也受热而变形。双金属片由两层热胀系数不同的金属片冷压黏合而成，上层热胀系数小，下层热胀系数大，受热时向上弯曲。当双金属片向上弯曲到一定程度时，扣板失去约束，在拉力弹簧作用下迅速绕扣板逆时针转动，并带动绝缘拉板向右方移动而拉开触头。

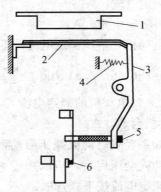

图 1-38　热继电器结构图

1—热元件；2—双金属片；3—扣板；4—拉力弹簧；5—绝缘拉板；6—触头

对于磁力启动器，热继电器的触头串联在吸引线圈回路中；对于减压启动器，热继电器的触头串联在失压脱扣线圈回路中，而对于自动空气开关，热脱扣器直接把机械运动传递给开关的脱扣轴。这样，热继电器或热脱扣器的动作就能通过磁力启动器、减压启动器或自动空气开关断开线路。同一热继电器或同一热脱扣器可以根据需要配用几种规格的热元件，每种额定电流的热元件，动作电流均可在小范围内调整。为适应电动机过载特性的需要，热元件通过整定电流时，继电器或脱扣器不动作；通过 1.2 倍整定电流时，动作时间将近 20min；通过 1.5 倍整定电流时，动作时间将近 2min；为适应电动机启动要求，热元件通过 6 倍整定电流时，动作时间应超过 5s，可见其热容量较大，动作不可能太快，只宜作过载保护，而不宜作短路保护。继电器或脱扣器的动作电流整定为长期允许负荷电流的大小即可。

（五）电磁式继电器

电磁式过电流继电器（或脱扣器）是依靠电磁力的作用进行工作的。其原理如图 1-39 所示，当线圈中电流超过整定值时，电磁吸力克服弹簧的推力，吸下衔铁使铁芯闭合，改变触头的状态。交流过电流继电器的动作电流可在其额定电流 $110\% \sim 350\%$ 的范围内调节，直流的可在其额定电流 $70\% \sim 300\%$ 的范围内调节。

不带延时的电磁式过电流继电器（或脱扣器）的动作时间不超过 0.1s、短延时的仅为 $0.1 \sim 0.4s$。这两种都属于短路保护。从人身安全的角度看，采用这种过电流保护继电器有很大的优越性，因它能大大缩短碰壳故障持续的时间，迅速消除触电的危险。长时的电磁式过电流继电器（或脱扣器）的动作时间都在 1s 以上，且具有反时限特性，适用于过载保护。

失压（欠压）脱扣器也是利用电磁力的作用来工作的，工作原理如图 1-40 所示。所不同的是正常工作时衔铁处在闭合位置，而且线圈是并联在线路上的。当线路电压消失或降低至 $40\% \sim 75\%$ 时，衔铁被弹簧拉开，并通过脱扣机构使减压启动器或自动空气开关动作而断开线路。

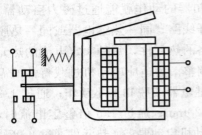 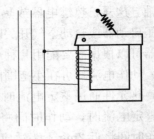

图 1-39　电磁式过电流继电器原理　　　图 1-40　失压脱扣器原理图

二、开关电器

开关电器的主要作用是接通和断开线路。在车间内，开关电器主要用来启动和停止用电设备，最多的是用来启动和停止电动机。闸刀开关、自动断路器、减压启动器、交流接触器、控制器等都属于开关电器。

（一）刀开关

刀开关是手动开关。包括胶盖刀开关、石板刀开关、铁壳开关、转扳开关、组合开关等。手动减压启动器属于带有专用机构的刀开关。刀开关只能用于不频繁启动。用刀开关操作异步电动机时，开关额定电流应大于或等于电动机额定电流的 3 倍。

刀开关是最简单的开关电器。由于没有或只有极为简单的灭弧装置，刀开关无力切断短路电流。因此，刀开关下方应装有熔体或熔断器。对于容量较大的线路，刀开关需与有切断短路电流能力的其他开关串联使用。

刀开关是靠拉长电弧而使之熄灭的。为了克服手动拉闸不快、电弧强烈燃烧的缺点，容量较大的刀开关常带有快动作灭弧刀片。这种刀开关的基本结构如图 1-41 所示。拉闸时，主刀片先被拉开，与刀座之间不产生电弧。当主刀片被拉开至一定程度时，灭弧刀片在拉力弹簧作用下迅速断开，电弧被迅速拉长而熄灭。合闸时，由于灭弧刀片先于主刀片接触刀座，主刀片与刀座之间也不产生电弧。

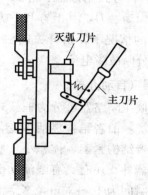

图 1-41　有灭弧

　　刀开关断流能力有限，单独使用时主刀片的刀开关宜用于大容量线路。胶盖刀开关只能用来控制 5.5kW 以下的三相电动机。刀开关的额定电压必须与线路电压相适应。380V 的动力线路，应采用 500V 的刀开关；220V 的照明线路，可采用 250V 的刀开关。对于照明负荷，刀开关的额定电流就大于负荷电流的 3 倍。还应注意刀开关所配用熔断器和熔体的额定电流不得大于开关的额定电流。用刀开关控制电动机时，为了维护和操作的安全，应该在刀上方另装一组熔断器。

　　转换开关包括组合开关，主要用于小容量电动机的正、反转等控制。转换开关的手柄按 45°～0°～45° 有三个位置，中间是断开电源的位置，左右两边的或者都是正转位置，或者一个是正转位置，另一个是反转位置。转换开关可用来控制 7.5kW 以下的电动机。

　　转换开关的前面最好加装刀开关，以免停机时由某种偶然因素碰撞转换开关的手柄造成误操作。转换开关和插座的前面应加装熔断器。

低压配电盘上，经常用到熔断器式刀开关。这种开关由具有高分断能力的 RTO 填料管式熔断器、静触头、杠杆操作机构和底座组成。熔断器作为动触刀，其上方和下方分别装有两个栅片灭弧室。在正常供电的情况下，由开关的触头接通和分断电路，线路短路时由熔断器分断故障电流。

（二）低压断路器（自动开关）

按照结构形式，低压断路器可分为框架式（万能式）和塑料外壳式（装置式）两类。前者结构灵活多变，可装较多种类的脱扣器和辅助触头；后者结构紧凑、体积小、质量轻、使用比较安全。除一般低压断路器外，还有具有限流功能的快速型低压断路器（直流的全部动作时间为 10～30ms，交流的为 10～20ms）、具有漏电保护功能的漏电断路器等。目前，应用较多的是 DW15 系列框架式低压断路器、DZ20 系列塑料外壳式低压断路器和 DZX 系列限流型低压断路器。

低压断路器主要由感受元件、执行元件和传递元件组成。感受元件感受电路中不正常的状态参量或操作人员的操作指令，经传递元件推动执行元件动作。过电流脱扣器、失压脱扣器、分励脱扣器都属于感受元件。执行元件指触头和灭弧室。触头用来接通或断开电路，灭弧室用来配合触头熄灭电弧。传递元件是承担力的传递和变换的零部件，包括传动机构、脱扣机构、主轴、脱扣轴等。

低压断路器的动作原理见图 1-42。其主触头、辅助触头由传动杆联动，当逆时针方向推动操作手柄时，操作力经自由脱扣机构传递给传动杆，主触头闭合，随之锁扣将自由脱扣机构锁住，使电路保持接通状态。断路器由储能弹簧断开实现分闸，分闸速度很高。

低压断路器可以装有多种形式的脱扣器。老式 DW 系列的断路器一般装有瞬时动作的欠电压脱扣器和电磁式过电流脱扣器；

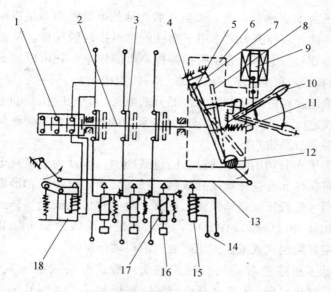

图 1-42 低压断路器动作原理

1—辅助触头；2—传动杆；3—主触头；4—自由脱扣位置；5—闭合位置；
6—自由脱扣机构；7—锁扣；8—再扣位置；9—闭合电磁铁；10—操作手柄；
11—断开弹簧；12—脱扣半轴；13—脱扣杆；14—控制电源；15—分励脱扣器；
16—延时装置；17—过电流脱扣器；18—欠压脱扣器

新式 DW 系列的断路器一般装有瞬时动作或延时动作的欠电压脱扣器和热式及半导体式脱扣器。半导体式脱扣器包括长延时、短延时、瞬时动作的过电流脱扣器和延时动作的欠电压脱扣器。新式 DZ 系列的断路器装有电磁式或热式（或两者都有）过电流脱扣器；DZ15 系列的断路器装有液压电磁式过电流脱扣器。电磁式过电流脱扣器的励磁线圈串联在主线路中，当主电路任何一相的电流超过整定值时，过电流脱扣器产生的电磁力克服弹簧的反作用力吸引衔铁向上运动，其上顶板推动脱扣杆，使脱扣半轴反时针方向运动，从而使自由脱扣机构脱扣，在分闸弹簧的作用下，主触头断开，将电路分断。当主电路内电压消失或降低至额定电压的 40％～75％时，欠电压脱扣器的电磁吸力不足以继续吸引住衔铁，在弹簧力的作用下衔铁的顶板推动脱扣杆，从而使低压断路器分断电路。分励脱扣器控制电源供电，它可以按照操作人员的命令或继电保护讯号将线圈接通电源，其衔铁也向上运动，推动脱扣杆，使低压断路器分断电路。分励脱扣器的工作电压为额定电压的 75％～105％，DZ 系列的断路器多不装设欠电压脱扣器和分励脱扣器。

为了充分利用线路或设备的过载能力，以及为了提高电网供电的可靠性和有选择地断开线路，往往要求过电流脱扣器经一定延时后才使低压断路器跳闸。热式、电磁感应式或半导体式过电流脱扣器可以取得动作延时；电磁式过电流脱扣器可加装钟表式、空气阻尼式或液压式延时装置取得动作延时。

低压断路器常采用对接式触头、桥式触头或插入式触头。DW 系列和部分 DZ 系列断路器装有辅助触头。大型低压断路器的主触头包含导电触头和弧触头。二者并联，接通时弧触头先接通，分断时弧触头后断开，以免在导电触头上产生电弧。为了提高接触性能，在导电触头接触处焊有银质或银基合金镶块。触头必须具备额定电流下长期工作的载流能力；必须能安全可靠地接通和分断极限短路电流，还必须有足够的电器寿命。

交流低压断路器采用金属栅片式灭弧室。室壁用石棉水泥或耐弧塑料等材料制作，在电弧高温的作用下能产生有利于灭弧的气体。灭弧室必须保证迅速而可靠地熄灭电弧，并尽可能减小飞弧距离，灭弧室还必须有良好的绝缘性能、耐热性能和机械强度。

不同形式的低压断路器装有手柄传动、杠杆传动、电磁铁传动、电动机传动、气动传动和液压传动等多种操作方式。低压断路器的自由脱扣机构实现传动机构与触头系统之间的连锁。自由脱扣机构扣上时，传动机构才能带动触头系统一起运动，并使之闭合；而当脱扣之后，传动机构与触头之间失去制约关系，触头分断而且在脱扣器和自由脱扣机构复位之前，不论传动机构在什么位置，都将暂时失去操作功能。

　　低压断路器有很强的分断能力。例如，DZ10-100 型断路器的额定电流为 100A，而对于交流 380V，$\cos\varphi \geqslant 0.4$ 电路的最大分断电流为 12kA。低压断路器有良好的保护特性，能在极短的时间内，乃至在线路电流尚未达到稳定的短路电流之前即完全断开线路。其反时限特性能与被保护对象的过载特性理想地配合；其特性便于调节和整定，便于实现多级保护。低压断路器的自由脱扣机构有连锁作用，当线路未恢复正常，脱扣器未恢复原位时，不能合闸送电。由于低压断路器有以上优点，它广泛用于交、直流配电线路，控制线路的通断，并使之免受过电流、逆电流、短路、欠电压等故障的危害；低压断路器也可用于电动机的不频繁的启动以及电路不频繁的操作和切换。

　　选用时，应当注意低压断路器的额定电压及其欠电压脱扣器的额定电压不得低于线路额定电压；断路器的额定电流及其过电流脱扣器的额定电流不应小于线路计算负荷电流；断路器的极限通断能力不应小于线路最大短路电流；低压断路器瞬时（或短延时）过电流脱扣器的整定电流应小于线路末端单相短路电流的 2/3 等。

　　低压断路器的瞬时动作过电流脱扣器的整定电流应大于线路上可能出现的峰值电流。低压断路器的瞬时动作过电流脱扣器动作电流的调整范围多为其额定电流的 4~10 倍。长延时动作过电流脱扣器应按照线路计算负荷电流或电动机额定电流整定，具有反时限特性，以实现过载保护。短延时动作过电流脱扣器一般都是定时限的，延时为 0.1~0.4s。该脱扣器亦按线路峰值电流整定，但其值应大于或等于下级低压断路器短延时或瞬时动作过电流脱扣整定值的 1.2 倍。一台低压断路器可能装有三种过电流脱扣器，也可能只装有其中的两种或一种。

　　为了提高保护性能，可将低压断路器与熔断器串联使用。这样，既提高了分断能力又保留了自动操作的优点。这时，熔断器特性与低压断路器特性的交接电流必须小于低压断路器的极限分断电流，以减轻后者的负担，如图 1-43 所示。

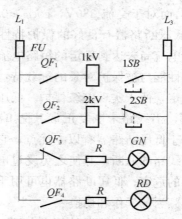

图 1-43　低压断路器的二次接线

三、交流接触器

　　1. 用途

　　在各种电力传动系统中，用来频繁接通和断开带有负载的主电路或大容量的控制电路，便于实现远距离自动控制。

　　2. 工作原理

　　交流接触器由电磁部分、触头部分和弹簧部分组成。其工作原理如图 1-44 所示，主触头接于主电路中，电磁铁的线圈接于控制电路中。当线圈通电后，产生电磁吸力，使动铁芯吸合，带动动触头与静触头闭合，接通主电路。若线圈断电后，线圈的电磁吸力消失，在复位弹簧作用下，动铁芯释放，带动动触头与静触头分离，切断主电路。

3. 短路环的作用

当线圈中通入交流电时，由于交流电的大小随时间周期性地变化，因此，线圈铁芯的吸力也随之不断变化，造成衔铁的振动，发出噪声，为防止这种现象的发生，在铁芯极面安装了一个短路环，这样，当磁通变化时，在短路环中将产生感应电流，而感应电流所产生的磁通将滞后原磁通变化的 $90°$。因此，整个铁芯磁场将发生变化，其吸力也变化。衔铁振动变小，噪声减小。

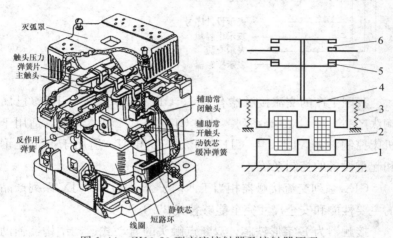

图 1-44　CJ10-20 型交流接触器及接触器原理

1—铁芯；2—线圈；3—推力弹簧；4—衔铁；5—常闭触头；6—常开触头

4. 交流接触器型号的含义和技术数据

现以常用的交流接触器 CJ10-20 为例说明：

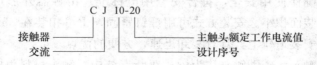

CJ10-20 交流接触器主触头长期允许通过的电流为 20A，辅助触点通过的电流为 5A，线圈电压有交流 127V、220V、380V 三种，使用时要特别注意控制电压的等级。

下面再以常用的交流接触器 CJX1 为例说明：

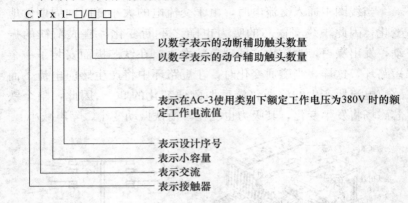

我国生产的交流接触器有 CJ1、C1、CJ2、CJ3、CJ11（已属掏汰产品）和 CJ12 等系列。其中 CJ11 与 CJ1 基本相似，适用于机床控制设备，CJ12 与 CJ1、CJ2、CJ3 相似，适用于冶金轧钢和起重设备的控制系统。

CJX$_1$ 系列交流接触器相当于西门子公司 3TB。CJX$_1$ 系列产品的主要性能和安全尺寸完全能够替代 3TB。

接触器为 E 字形铁芯，双断点触头的直动式运动结构：辅助触头可有一常开、一常闭或二常开、二常闭。接触器动作机构灵活，手动检查方便，结构设计紧凑，可防止外界杂物及灰尘落入接触器活动部位。接线端都有罩覆盖，人手不能直接接触带电部位，可确保使用安全，符合安全用电标准。接触器外形尺寸小巧，安装面积小。安装方式可用螺钉紧固，也可扣装在 35mm 宽的标准安装道轨上，具有装卸迅速、方便的优点。

主触头、辅助触头均为桥式双断点结构，触头材料由电性能优越的银合金制成，具有使用寿命长及良好的接触可靠性。灭弧室均呈封闭型，并有阻燃型材料阻挡电弧向外喷溅，保证人身及邻近电器的安全。

各等级接触器的磁系统是通用的，电磁铁工作可靠、损耗小、噪声小，具有很高的机械强度，线圈的接线端装有电压规格的标志牌，标志牌按电压等级有特定的颜色，清晰醒目，接线方便，可避免因接错电压规格而导致线圈烧毁。

四、控制器

控制器是电力传动控制中用来改变电路状态的多触头开关电器。常见的有平面控制器和凸轮控制器，前者的动触头在平面内运动；后者由凸轮的转动推动动触头运动。

凸轮控制器的触头机构如图1-45所示，凸轮控制器常用来控制绕线式电动机的启动和正、反转。图1-46是用凸轮控制器控制绕线式电动机的接线原理图。控制器的操作手轮零位左右各有5个位置。控制器有大小12副触头。图中，带点的位置表示相应的触头是接通的。最上面4副触头用来换接电动机定子接线，控制电动机正反转。这4副触头需要切换比较大的电流，装有灭弧装置。中间的5触副头是逐级切除转子外接电阻用的。下面3副是辅助触头，上面的两副串联于行程开关SA线路中，起连锁作用；下面的一副是用作零位保护的，即停车时，如果手轮不在零位，也不能接通主线路。

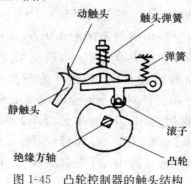

图 1-45 凸轮控制器的触头结构

51

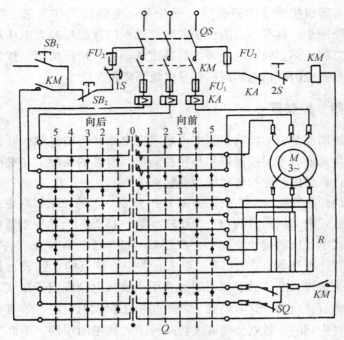

图 1-46　凸轮控制器接线原理图

电动机的主线路靠接触器 KM 操作，主线路由熔断器 FU_1 过电流继电器 KA 分别担任短路保护和过载保护。接触器 KM 控制线路中装有熔断器 FU_2、紧急闸刀开关 $1S$、停车按钮 SB_2、启动按钮 SB_1、过电流继电器的常闭触头 KA、门窗安全开关 $2S$、凸轮控制器的零位保护触头等元件。与启动按钮并联的连锁分支装置有接触器的常开触头 KM、行程开关 SQ、凸轮控制器的辅助触头等元件。上述元件对人身安全和设备安全起着重要作用。例如 FU_2 作短路保护之用、$1S$ 作紧急停车之用、KA 作过载保护之用、$2S$ 作安全连锁之用、SQ 作行程限制之用等。

控制器的安装应便于操作，手轮高度以 $1\sim1.2m$ 为宜。接线时应注意手轮方向与机械动作方向一致。控制器不带电的金属部分应当接零（或接地）。

五、配电装置

（一）低压配电屏用途

低压配电屏又叫开关屏或配电盘、配电柜，它是将低压电路所需的开关设备、测量仪表、保护装置和辅助设备等，按一定的接线方案安装在金属柜内构成的一种组合式电气设备，用以进行控制、保护、计量、分配和监视等。适用于发电厂、变电所、厂矿企业中作为额定工作电压不超过 380V 低压配电系统中的动力、配电、照明配电之用。

（二）低压配电屏结构特点

我国生产的低压配电屏基本可分为固定式和手车式（抽屉式）两大类，基本结构方式可分为焊接式和组合式两种。常用的低压配电屏有：PGL 型交流低压配电屏、BFC 系列抽屉式低压配电屏、GGL 型低压配电屏、GCL 系列动力中心和 GCK 系列电动控制中心。

现将以上几种低压配电屏分别介绍如下。

1. PGL 型低压配电屏（P：配电屏，G：固定式，L：动力用）现在使用的通常有 PGL1 型和 PGL2 型低压配电屏，其中 1 型分断能力为 15kA，2 型分断能力为 30kA，是用于户内安装的低压配电屏，其结构特点如下：

（1）采用型钢和薄钢板焊接结构，可前后开启，双面进行维护。屏前有门，上方为仪表板，是一可开启的小门，装设指示仪表。

（2）组合屏的屏间加有钢制的隔板，可限制事故的扩大。

（3）主母线的电流有 1000A 和 1500A 两种规格。主母线安装于屏后柜体骨架上方，设有母线防护罩，以防上方坠落物件而造成主母线短路事故。

（4）屏内外均涂有防护漆层，始端屏、终端屏装有防护侧板。

（5）中性母线装置于屏的下方绝缘子上。

（6）主接地点焊接在下方的骨架上，仪表门有接地点与壳体相连，构成了完整、良好的接地保护电路。

2.BFC 型低压配电屏（B：低压配电柜（板），F：防护型，C：抽屉式）BFC 低压配电屏的主要特点为各单元的主要电气设备均安装在一个特制的抽屉中或"手车"中，当某一回路单元发生故障时，可以换用备用"抽屉"或"手车"，以便迅速恢复供电。而且，由于每个单元为抽屉式，密封性好，不会扩大事故，便于维护，提高了运行可靠性。BFC 型低压配电屏的主电器在抽屉或"手车"上均为插入式结构，抽屉或手车上均设有连锁装置，以防止误操作。

3.GGL 型低压配电屏（G：柜式结构，G：固定式，L：动力用）

GGL 型低压配电屏为组装式结构，全封闭形式，防护等级为 IP30，内部选用新型的电器元件，内部母线按三相五线配置。此种配电屏具有分断能力强、动稳定性好、维修方便等优点。

4.GCL 系列动力中心（G：柜式结构，C：抽屉式，L：动力中心）

GCL 系列动力中心适用于变电所、工矿企业大容量动力配电和照明配电，也可作电动机的直接控制使用。其结构形式为组装式全封闭结构，防护等级为 IP30，每一功能单元（回路）均为抽屉式，有隔板分开，可以防止事故扩大，主断路器导轨与柜门有机械连锁，可防止误入有电间隔，保证人身安全。

5.GCK 系列电动机控制中心（G：柜式结构，C：抽屉式，K：控制中心）

GCK 系列电动机控制中心，是一种工矿企业动力配电、照明配电与电动机控制用的新型低压配电装置。根据功能特征分为进线型和馈线型两类。GCK 系列电动机控制中心为全封闭功能单元独立式结构，防护等级为 IP40 级，这种控制中心保护设备完善，保护特性好，所有功能单元均可通过接口与可编程序控制器或微处理机连接，作为自动控制系统的执行单元。

6. GGD 型交流低压配电柜（G：交流低压配电柜，G：固定安装，D：电力用柜）

GGD 型交流低压配电柜是本着安全、经济、合理、可靠的原则设计的新型低压配电柜。具有分断能力高，动热稳定性好，电器方案灵活，组合方便，系列性、实用性强，结构新颖，防护等级高等特点，可作为低压成套开关设备的更新换代产品。

GGD 型配电柜的构架采用冷弯型钢材局部焊接拼接而成，主母线列在柜的上部后方，柜门采用整门或双门结构；柜体后面采用对称式双门结构，柜门采用镀铸转轴式铰链与构架相连，安装、拆卸方便。柜门的安装件与构架间有完整的接地保护电路。防护等级为 IP30。

（三）低压配电屏安装及投运前检查

安装时，配电屏相互间及其与建筑物间的距离应符合设计和制造厂的要求，且应牢固、整齐美观。若有振动影响，应采取防振措施，并接地良好。两侧和顶部隔板完整，门应开闭灵活，回路名称及部件标号齐全，内外清洁无杂物。

低压配电屏在安装或检修后，投入运行前应进行下列各项检查试验：

（1）检查柜体与基础型钢固定是否牢固，安装是否平直。屏面油漆应完好，屏内应清洁，无积垢；

（2）各开关操作灵活，无卡涩，各触点接触良好；

（3）用塞尺检查母线连接处接触是否良好；

（4）二次回路接线应整齐牢固，线端编号符合设计要求；

（5）检查接地是否良好；

（6）抽屉式配电屏应检查推拉是否灵活轻便，动、静触头应接触良好，并有足够的接触压力；

（7）试验各表计是否准确，继电器动作是否正常；

（8）用 1000V 兆欧表测量绝缘电阻，应不小于 0.5MΩ，并按标准进行交流耐压试验，一次回路的试验电压为工频 1kV，也可用 2500V 兆欧表试验代替。

第四节　常用电动机

电动机是一种将电能转换为机械能的动力设备，能带动生产机械工作，也是厂矿企业使用最广泛的动力机。电动机分为交流电动机和直流电动机两大类。交流电动机又分异步电动机和同步电动机。因为异步电动机具有结构简单、价格低廉、工作可靠、维护方便等优点，所以被厂矿企业广泛采用。本节主要介绍异步电动机的构造、原理、运行、维护及故障处理等内容。

一、直流电动机

（一）直流电动机的机械特征

1. 他励电动机

他励电动机的励磁绕组与电枢绕组如图 1-47 所示。图 1-47 中 L_F 线圈代表励磁绕组，G 代表电枢（不同）。他励电机的励磁电流由外电源供给电枢线圈与励磁绕组。

2. 并励电动机

并励电动机的励磁绕组和电枢绕组相并联，如图 1-48 所示。并励直流电动机的转速是基本恒定的，它适用于带负载后要求转速变化不大的场合。

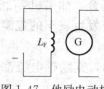

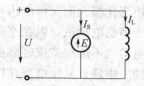

图 1-47　他励电动机　　　　图 1-48　并励直流电动机电路

3. 串励电动机

串励电动机的励磁绕组和电枢绕组相串联，励磁电流等于电枢电流，如图 1-49 所示。串励电动机转速随转矩增加显著下降的特性适合于负载转矩变化很大的场合。一般串励电动机运行的最小负载不应小于额定负载的 25%～30%。串励电动机与生产机械必须直接连接，禁止使用皮带或链条传动，以免皮带滑脱和链条断裂而发生严重的飞车事故。

4. 复励电动机

复励直流电动机有两个励磁绕组，它们分别与电枢绕组串联和并联，如图 1-50 所示。如果两个励磁绕组所产生的磁通方向一致，就叫积复励；相反，则叫差复励。

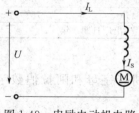

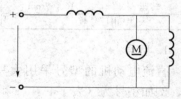

图 1-49　串励电动机电路　　　　图 1-50　复励电动机电路

在空载或轻载运行时，复励电动机的电枢电流很小，串联绕组产生的磁通很小，电动机的磁场主要是由并励绕组建立的，其机械特性近于并励直流电动机。

由串励绕组所建立的磁场起主要作用的复励电动机主要用于

负载转矩变化很大而又可能出现空载的场合，如吊机等。其机械特性近于串励电动机，但在空载时，不会发生飞车的危险，克服了串励电动机不能空载或轻载运行的缺点。

并励、串励、复励电机在作发电机时，其励磁电流都是由发动机本身供给，故统称为自励发电机。

当自励发电机从静止状态开始旋转时，由于磁极中有少量剩磁存在，电枢绕组切割剩磁的磁力线，首先感应出一个不大的剩磁电动势，通过电刷返回励磁绕组产生电流。如果该电流所产生的磁场方向与剩磁磁场方向相同，则磁场加强，使电枢电动势也增大，励磁电流随之增大，如此反复直到电枢端电压稳定在某一定值。

（二）直流电动机的型号及铭牌数据

表 1-3 所示是一台直流电动机的铭牌，它标明了这台电动机的类型和各项额定数据。

表 1-3　直流电动机的铭牌

型　　号	Z_2-32	励　　磁	并　　励
功率	1.1kW	励磁电压	110V
电压	110V	励磁电流	0.895A
电流	13.3A	定额	连续
转速	1000r/min	温升	75℃
出厂号数		出厂日期　年　月	

1. 型号

直流电动机的型号采用大写汉语拼音字母和阿拉伯数字表示，例如型号为（表 1-4）：

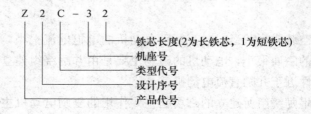

58

表 1-4 直流电动机型号中各代号的含义

汉语拼音代号	含 义	汉语拼音代号	含 义
Z	直流	C	船用
W	卧式	K	高速
L	立式	Q	牵引
O	封闭	Y	冶金

2. 额定电压

额定电压是指输入到电动机两端的允许电压，一般为 110V 和 220V。

3. 额定功率

额定功率是指电动机在额定工作状态下，电动机轴上输出的机械功率，单位为 kW。

4. 额定电流

额定电流是指在额定工作状态下，由直流电源输入电动机的电流，单位为 A。

5. 额定转速

额定转速是指在额定状态下转子的转速，单位为 r/min。

6. 励磁电流

励磁电流是指在额定励磁电压下，通过励磁绕组的电流。

7. 励磁方式

励磁方式是指励磁绕组与电枢绕组的连接方式。

8. 绝缘等级

绝缘等级是指直流电动机定子绕组所使用的绝缘材料的等级。

9. 工作方式

工作方式是指电动机的运行方式，工作方式有连续、断续和短时三种。

（三）直流电动机的结构与工作原理

1. 直流电动机的构造

直流电机主要由定子（固定的磁极）和转子（旋转的电枢）组成，在定子与转子之间留有气隙，图 1-51 所示为直流电动机的外形和结构图。

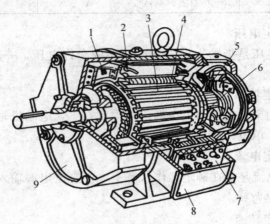

图 1-51　直流电动机的结构

1—风扇；2—机座；3—电枢；4—主磁极；5—刷架；

6—换向器；7—接线极；8—出线盒；9—端盖

（1）定子

定子由主磁极、电刷和机座等组成。主磁极由主磁极铁芯和励磁绕组构成，如图 3-52 所示。定子为了导磁，机座采用钢板或铸钢制成，或用硅钢片冲压叠成。为了帮助换向，定子除主磁极外，还有换向极和补偿极。转子称为电枢，由 0.5mm 硅钢片制成电枢铁芯，其槽内嵌电枢绕组。另外有换向器和电刷装置。

直流电机的机座（又称磁轭）是磁路的一部分，由铸钢或铸铁制成。机座内安装主磁极和换向磁极。磁极由 1mm 左右的钢片叠成，用螺栓固定在机座上，如图 1-53 所示为具有励磁绕组的

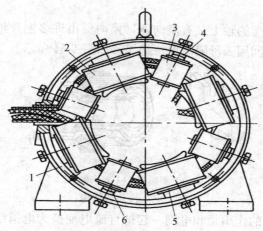

图 1-52 直流电动机定子结构

1—机座；2—主极绕组；3—换向极绕组

4—非磁性垫片；5—主极铁芯；6—换向极铁芯

磁极。主磁极包括极身和极掌，用来产生电机的主要磁场。极身上安装励磁绕组，极掌使得电机空气隙内磁感应强度呈最有利的分节。换向磁极装在两相邻主极之间，用来改善换向性能。

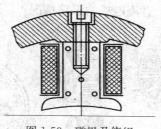

图 1-53 磁极及绕组

（2）转子

转子又称电枢，主要由电枢和换向器组成，它们一起装在电动机的转轴上。

电枢铁芯由 0.5mm 厚硅钢片叠成，片间涂以绝缘漆以减小涡流损耗。

电枢一端的轴上装有换向器，换向器由许多铜片组成，每两个换向片之间用云母隔离保持绝缘，如图 1-54 所示。

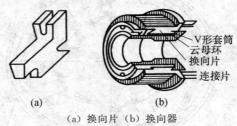

（a）换向片 （b）换向器

图 1-54　换向器结构

换向器的作用是和电刷一起把直流电变换为电枢绕组所需要的交流电，即对通入绕组的电流起换向的作用。

与换向器滑动接触的炭质电刷借助于弹簧的压力与换向器保持接触，每一电刷对应一主磁极，电刷的"＋""－"极性与磁极的"N""S"也相对应。

在电机中有两个电路：定子的励磁绕组电路和转子线圈的电枢电路。图 1-55 所示为直流电机各部分的组成，图 1-56 表示两极（具有两个磁极）直流电机的磁路情况。

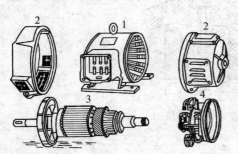

图 1-55　拆卸后的直流电机

1—机座；2—铸铁制成的端盖；

3—电枢；4—刷握及电刷架

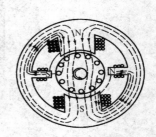

图 1-56　直流电机的磁路

2. 直流电动机的工作原理

直流电动机是将电源输入的电能转变为从转轴上输出的机械能的电磁转换装置，其工作原理如图 1-57 所示。

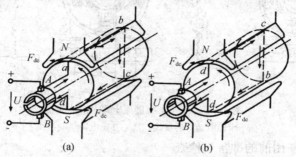

图 1-57 直流电动机的工作原理

定子励磁绕组接入直流电源，便有直流通入励磁绕组内，产生励磁磁场。当电枢绕组引入直流电并经电刷传给换向器，再通过换向器将此直流电转化为交流电进入电枢绕组，并产生电枢电流，此电流产生磁场，与励磁磁场合成为气隙磁场。电枢绕组切割，气隙合成磁场，按左手定则可判断出电枢产生转矩，这就是直流电动机的简单工作原理。

从以上分析可知，当电枢导体从一个磁极范围内转到另一个异性磁极范围内，即导体经过中性面时，导体中电流的方向也要同时改变才能保证电枢继续朝同一方向旋转。

（四）直流电动机的安装与运行

1. 直流电动机的接线

直流电动机的接线一定要正确，并保证接线牢固可靠，否则，会引起事故。串、并励直流电动机内部接线关系以及在接线板出线端的标记如图 1-58 所示。图中 A1、A2 分别表示电枢绕组的始端和末端；E1、E2 分别表示并励绕组的始端和末端；D1、D2 分别表示串励绕组的始端和末端；B1、B2 分别表示换向磁极绕组的始端和末端。

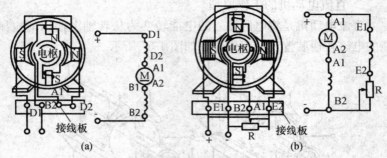

图 1-58 串、并励直流电动机的接线

(a) 串励电动机的接线；(b) 并励电动机的接线

2．使用前的准备与检查

（1）熟悉电动机的各项技术参数的含义。

（2）清扫电动机内外灰尘和杂物。

（3）拆除与电动机连接的所有多余的接线。用兆欧表测量绕组对机壳的绝缘电阻，若绝缘电阻小于 0.5MΩ，就应进行干燥处理。

（4）检查换向器表面是否光洁，如发现有烧痕或机械损伤，应进行研磨或车削处理。

（5）检查电刷与换向器的接触情况和电刷磨损情况，如发现接触不够紧密或电刷太短，应调整电刷压力或更换电刷。

3．直流电动机启动安全操作

在启动他励直流电动机时，其要求为：

（1）必须先接通励磁电源，有励磁电流存在，而后再接通电枢电压。

（2）在启动电动机时要采取限制启动电流的措施，使启动电流控制在额定电流的 1.5～2 倍。

（3）采用手动方式调节外施电枢电压 U 时，U 值不能升得太快，否则电枢电流会发生较大的冲击，所以要小心地调节。

（4）要保证必需的启动转矩，启动转矩不可过大过小。

（5）分级启动时，控制附加电阻值，使每一级最大电流和最小电流大小一致。

4.直流电动机运行检查

（1）运行中观察刷火情况。加强日常维护检查，是保证电动机安全运行的关键，运行维护人员首先应观察电动机刷火变动情况。

（2）电动机振动的检查。直流机振动标准值见表1-5，不可超过此表允许的范围。

表 1-5　直流电动机在额定转速下的允许振动值

电动机转速/（r/min）	容许双振幅/mm	电动机转速/（r/min）	容许双振幅/mm
500	16	1500	0.08
600	14	2000	0.07
750	12	2500	0.06
1000	10	3000	0.05

（3）按电动机容量、转速和振动值，据表1-6判别电动机运行的振动情况是否良好。

表 1-6　判别电动机振动值优劣情况

电动机规格	最好	好	允许
100kW 以上 1000r/min	0.04	0.07	0.10
100kW 以上 1500r/min	0.03	0.05	0.09
100kW 以上 1500～3000r/min	0.01	0.03	0.05

（4）换向器表面状态的检查。刷火的变化，同时会引起换向器表面状态的变化。正常的换向器表面因有氧化膜存在，呈现古铜色，颜色分布均匀，有光泽。

（5）电刷工作的检查。对于换向正常的电动机，电刷与换向器表面接触的电刷工作面应呈现平滑、明亮的"镜面"。

二、同步电动机

（一）同步电动机的结构特点

同步电动机的结构也同一般旋转电动机一样，由定子和转子两大部分组成。

定子与三相异步电动机的定子相同，而转子不同，转子是由主磁极、磁轭、励磁绕组、集电环和转轴等部件组成。直流电源通过集电环流入转子的励磁绕组内建立恒定磁场。

转子结构有凸极式和隐极式两种，由于同步电动机容量大、极数多，通常是采用凸极式的样子。

凸极式转子铁芯是用 $1\sim1.5mm$ 厚的钢板冲制而成，在转子磁极上装有集中式的励磁绕组，在磁极的外圆的极面处还冲有圆槽孔，其中穿入铜条，构成笼型绕组，也叫阻尼绕组，是供同步电动机异步启动用的，所以叫启动绕组。

（二）同步电动机工作原理

同步电动机定子接入三相电源后，便产生旋转磁场，当转子接入直流电之后，转子便产生直流磁场，像永久磁铁一样有 N、S 极，被定子的 N、S 极所吸引，随着旋转磁场旋转，这就是同步电动机旋转的简单原理。在未通入励磁电流，转子未形成磁场时，因转子有启动绕组，这时电动机已启动，和笼型异步电动机一样，当转速达到同步转速（即旋转磁场的转速）的 95％左右时，接通转子励磁电流，产生同步转矩，将转子拉入同步转速旋转。

（三）同步电动机的安全操作

1. 同步电动机启动前的安全操作

（1）做好励磁装置的调试工作。调试和整定好灭磁、脉冲、投励、移相等装置，调试好之后，要检查各装置环节工作是否正常。

（2）检查同步电动机定子回路控制开关、操纵装置是否可靠，各保护系统是否正常。

（3）电动机在启动之前，检查绕组绝缘表面、集电环以及各零部件是否正常，清理铜环表面和调整电刷，保证接触良好。

（4）清扫和检查启动设备、励磁设备，检查电动机和附属设备有无他人正在工作。

（5）异步启动时，励磁绕组不可开路，否则启动时励磁绕组内会感应出危险的高压，击穿绕组绝缘，又会引起人身事故。

（6）应按制造厂规定的允许连续启动的次数以及两次启动的最小间隔时间进行启动，以防误操作造成电机温升的超限。

2. 同步电动机运行中的安全操作

（1）轴承最高温度：滑动轴承为 75℃，滚动轴承为 95℃。

（2）用温度计测量，绕组与铁芯的最高温升不应超 75℃（B级绝缘）。

（3）电源频率在 50Hz（±1%）范围内。

（4）电源电压在额定电压的 ±5% 范围内，三相电压不平衡不应大于 5%。

（5）环境温度：

最低为 5℃，最高为 35℃。长期停用的电动机要保存在温度为 5～15℃ 的环境中，空气相对湿度应在 75% 以下，风道应保持清洁、无水。

（6）电动机允许的最大振动值见表 1-7。

（7）电动机的轴承间隙不应超过电动机轴颈的 2%。

表 1-7　同步电动机允许的最大振动值

同步电动机转速/（r/min）	3000	1500	1000	750 及以下
双振幅振动值/mm	0.05	0.09	0.10	0.12

3. 停机后的安全操作

（1）同步电动机停转后，要进行吹风清扫工作，详细检查绕组绝缘有无损伤。

（2）检查各部件绝缘绑扎和垫片有无松动，转子支架和机械零部件是否有开焊和裂缝现象，检查磁轭紧固磁极螺栓、牙芯螺栓是否松动。

三、三相异步电动机

（一）三相异步电动机的选择

1. 功率的选择

电动机的功率选择，应考虑到机械传动时的功率损失，并留有一定余地。配用电动机的功率应略大于机械负载的功率。

电动机功率选得太小，电动机电流过大，绝缘会过热损坏；电动机功率选得太大，则会造成大马拉小车现象，不仅增加投资费用，增加电动机空载损耗，而且电动机功率因数和效率均降低。一般感应电动机的效率和功率因数随负载率的变化情况，如表1-8所列。可以看出轻载运行时，效率和功率因数均会降低。

表1-8 感应电动机负载率和功率因数、效率的关系

电动机负载率	空载	0.25	0.5	0.75	1
功率因数	0.20	0.50	0.77	0.85	0.89
效率	0	0.78	0.85	0.88	0.875

2. 转速的选择

电动机的转速，要与它拖动的机械转速相匹配，电动机的转速越低，启动转矩越大，体积也越大，价格就越贵。一般情况下以4极电动机用得较多，它的转速1500r/min左右，适应性强，功率因数和效率都较高。

3. 电源的选择

电动机按电流种类不同可分为直流电动机、交流电动机两大类。直流电动机调速性能好，但结构复杂、维护工作量大、价格高，又需要专门的直流电源，一般优先选择交流感应式异步电

动机。

电动机额定电压应依据使用地点电源电压来确定，低压电网中线电压 380V，所以一般采用低压电动机。如电动机功率较大，且距电源较远，可选用 6kV 高压异步电动机。

4. 防护形式的选择

（1）防护式。这种电动机外壳有通风孔，两侧通风孔上有遮盖，可防止水滴、铁屑、砂粒等物从上面或与垂直方向成 45°以内掉入电动机内部，但不能阻止灰尘、潮气入侵。它通风良好、价格便宜，又有一定防护能力，凡是干燥、灰尘不多及没有腐蚀性和易爆性气体地方可以选用。

（2）封闭式。这种电动机，定（转）子绕组都装在一个封闭的机壳内，机壳上有散热的片状凸起，轴的另一端上装风叶，用罩子从一端罩住，电动机旋转时带动风叶，风吹拂散热片冷却电机。它的封闭并不十分严密，不能杜绝气体进入电动机内部，在尘埃较多、水土飞溅及潮湿环境下选用。

（3）开启式。这种电动机带电部分和旋转部分没有任何遮盖，散热条件好，但使用时不安全，故很少使用。

（二）三相异步电动机构造及机械特征

1. 三相异步电动机的构造

图 1-59 为主相异步电动机的外形，其内部结构主要由定子和转子两大部分组成，另外还有端盖、轴承及风扇等部件（1-60）。

（1）定子。

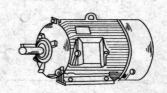

图 1-59　三相异步电动机外形图

定子由机壳、定子铁芯、定子绕组几部分组成。

1）机壳。它是电动机的支架，一般用铸铁或铸钢制成。机壳的内圈中固定着铁芯，机壳的两头端盖内固定轴承，用以支承

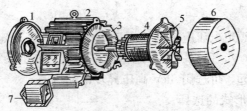

图 1-60 笼形电动机的内部结构

1—端盖；2—定子；3—定子绕组；

4—转子；5—风扇；6—风扇罩；7—接线盒盖

转子。封闭式电动机机壳表面有散热片，可以把电动机运行中的热量散发出去。

2）定子铁芯。定子铁芯由 0.35～0.5mm 的圆环形硅钢片叠压制成，以提供磁通的通路。铁芯内圈中有均匀分布的槽，槽中安放定子绕组。

3）定子绕组。定子绕组是电动机的电流通道，一般由高强度聚酯漆包铜线绕成。三相异步电动机的定子绕组有 3 个，每个绕组有若干个线圈组成，线圈与铁芯间垫有青壳纸和聚酯薄膜作为绝缘。三相绕组的 6 根引出线，连接在机座外壳的接线盒中，如图 1-61 所示。

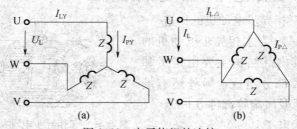

图 1-61 定子绕组的连接

(a) 星形连接；(b) 三角形连接

（2）转子。转子结构可分为笼型（以前称鼠笼型）和绕线型两类，笼型转子较为多见，主要由转轴、转子铁芯、转子绕组等组成。

1）转轴。一般用中碳钢制成，两端用轴承支撑，转子铁芯和绕组都固定在转轴上，在端盖的轴上装有风扇，帮助外壳散热。

2）转子铁芯。转子铁芯由厚 $0.35\sim0.5$mm 的硅钢片叠压制成，在硅钢片外圆上冲有若干个线槽，用以浇制转子笼条。

3）转子绕组。将转子铁芯的线槽内浇制上铝质笼条，再在铁芯两端浇筑两个圆环，与各笼条连为一体，就成为鼠笼式转子，如图 1-62 所示。

绕线式转子的绕组和定子绕组相似，也是由绝缘导线绕制成绕组，放在转子铁芯槽内。绕组引出线接到装在转轴上的 3 个滑环上，通过一级电刷引出与外电路变阻器相连接，以便启动电动机。

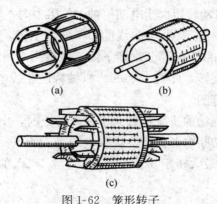

图 1-62　笼形转子

(a) 笼形绕组；(b) 笼形转子；(c) 铸铝转子

2. 三相异步电动机的机械特性

异步电动机在工作时，其电磁转矩随转差率而变化。当定子电压和频率为定值时，电磁转矩 T 和转子转速向之间的关系 $n_2 = f(T)$ 称为机械特性。

机械特性可用实验或计算的方法求出，如图 1-63 所示。下面分别研究在实际中常用到的三个转矩，即启动转矩 T_{ST}，最大转矩 T_{max} 和额定转矩 T_N。

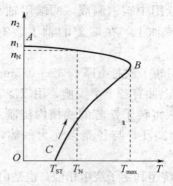

图 1-63 机械特性曲线

电动机在刚启动的一瞬间，$n_2 = 0$。此时的转矩称为启动转矩 T_{ST} 时。当启动转矩大于电动机轴上的阻力时，转子开始旋转，电动机的电磁转矩 T 沿着曲线的 CB 部分上升，经过最大转矩 T_{max} 后，又沿曲线 BA 部分逐渐下降，最后当 $T = T_N$ 时，电动机便以额定转速旋转，此时 $n_2 = n_N$。机械特性曲线中的 AB 段称为电动机的运行范围。

当轴上所拖动的机械负载大于最大转矩时，电动机将被迫停转，如不及时切断电源，便会烧毁电动机。所以一般电动机的额定转矩 T_N 要比最大转矩 T_{max} 小得多。T_{max} 与 T_N 的比值 λ 叫电动机的过载能力，即：

$$\lambda = T_{max}/T_N$$

一般异步电动机的 $\lambda = 1.8 \sim 2.5$。

（三）三相异步电动机型号及铭牌数据

每台异步电动机机座上都装有一块铭牌，标明电机的型号、额定值和有关技术数据。

1. 型号

电动机产品型号的组成形式为：

|产品代号| → |规格代号| → |特殊环境代号|

异步电动机产品代号由类型代号、特点代号和设计序号等三小节表示，表 1-9 为部分产品代号。新系列异步电动机用"Y"取代"J"的类型代号，目前生产的老产品及其派生系列仍用"J"表示。

表 1-9　异步电动机产品代号

电机名称	产品代号	电机名称	产品代号
异步电动机	Y	大型高速（快速）异步电动机	YK
绕线转子异步电动机	YR	多速异步电动机	YD
高启动转矩异步电动机	YQ	电磁调速异步电动机	YCT
高转差率异步电动机	YH	立式深井泵用异步电动机	YLB

规格代号用中心高或铁芯外径或机座号或凸缘代号、铁芯长度、功率、转速或磁极表示。中小型电机机座长度可用国际通用符号来表示，如 S 表示短机座，M 表示中机座，L 表示长机座。

特殊环境代号按表 1-10 规定，如果同时具备一个以上的特殊环境条件，则按表中顺序排列。

表 1-10　特殊环境代号

高原用	G	热带用	T
船（海）用	H	湿热用	TH
户外用	W	干热带用	TA
化工防腐用	F		

电机产品型号举例：

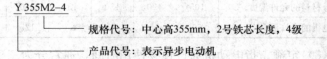

Y 355M2–4

规格代号：中心高355mm，2号铁芯长度，4级

产品代号：表示异步电动机

2. 异步电动机的额定值

（1）额定功率 P_N。是指轴上输出的机械功率，单位为瓦或千瓦（W 或 kW）。

（2）额定电压 U_N。指电动机在额定运行时的线电压，单位为伏或千伏（V 或 kV）。

（3）额定电流 I_N。指电动机在额定运行时的线电流，单位为安培（A）。

（4）额定频率 I_N。指电动机在额定运行时的频率，单位为赫兹（Hz）。

（5）额定转速 n_N。指电动机在额定运行时的转速，单位为每分钟转数（r/min）。

（6）接法。指电动机在额定电压时定子绕组采用的连接方法。一种标志为 220V/380V、△/Y，表明该电动机可以使用三相 220V 电压或者三相 380V 电压。相应地，使用 220V 电压时，电机的三相绕组接成△形，而使用 380V 电压时，电机应接成 Y 形，也就是说的接法是△/Y。但是，我们现在的国家电网低压供电系统的额定电压都是三相 380V（不排除个别独立电站提供三相 220V 电压），国家电网中只有单相 220V，没有三相 220V。上述电动机应看做是 380V、Y 接电动机。

（7）温升。温升是电动机运行时温度高出环境温度的数值。容许温升和绝缘材料的耐热性能有关。电机容许温升与绝缘等级关系列如表 1-11。

表 1-11　电机容许温升与绝缘等级的关系

绝缘等级	A	E	B	F	H	C
绝缘材料的允许温度/℃	105	120	130	155	180	18 以上
电机的允许温升/℃	60	75	80	100	125	125

（8）定额。指电动机允许连续使用时间，通常分为三种：

1）连续定额，指额定运行可长时间持续使用；

2）短时定额，只允许在规定时间内按额定运行使用，标准的持续时间限值分为 10min、30min、60min 和 90min 四种；

3）断续定额，间歇运行，但可按一定周期重复运行，每周期包括一个额定负载时间和一个停止时间，额定负载时间与一个周期之比称为负载持续率，用百分数表示。

标准的负载持续率为 15％、25％、40％、60％，每个周期为 10min。短时定额的电机，由于有一段时间电机不发热，所以比同容量连续运行的电机，体积可以小一些。故连续定额的电机用作短时定额或断续定额运行时，所带负载可以超过额定值，但短时定额和断续定额运行的电机不能按容量作连续定额运行，否则电机将过热，甚至烧毁。

（9）转子绕组开始电压和额定电流。这是线绕式异步电机特有的，可用作配电启动、调速电阻的依据。

（四）三相异步电动机的安装与运行

1. 安装地点的选择

电动机在安装前要选择好地点，选择电动机安装地点时，必须注意以下几个问题：

（1）干燥。电动机绝缘的主要危害是潮湿，安装地点必须干燥。如果是流动使用的电动机，应采取防潮措施，更不可受日晒雨淋。

（2）通风。电动机工作时，铁损、铜损、摩擦损失等均以热量形式散发，为保证电动机绝缘的寿命，必须限制温升，只有通风好，降温才良好。室外工作，顶部可做遮盖，但不能将电动机罩在箱子里，以免影响散热。

（3）干净。电动机应装在不受灰尘、泥沙和腐蚀性气体侵害的地方。

2. 电动机的基础

电动机在运行中，不但受牵引力而且还产生振动，如果位置不平、基础不牢固，电动机会发生倾斜或滑动现象，故电动机应装设在基础的固定底座上。

一般中小型电动机根据工作的需要，有的装设在埋于墙壁的三角构架上，有的装设在地坪上的平面构架上，有的装设在混凝土的基础上。前两种是将电动机用螺栓固定在构架上，后一种是电动机固定在埋入基础的底脚螺栓上。

电动机的基础有永久性、流动性和临时性几种。

永久性基础一般采用混凝土和砖石结构。基础的边沿应大于机组外壳 150mm 左右，上水平面应高出地面 150mm 左右。在砌筑基础时，要用水平尺校正水平，还要注意预埋电动机的地脚螺钉，地脚螺钉的大小和相互间距离尺寸，应与电动机底座的螺孔相对应。

临时性的电动机，功率在 20kW 以下的，可安装在木架或铁架上，再将架腿深埋地下。

流动使用的电动机，功率大多较小，可以和被拖动的机械固定在同一个架子上，到使用地点再将架体用打桩的方法固定好。

3. 安装与校正

（1）电动机的安装。

安装电动机时，要将电动机抬到基础上，质量 100kg 以下的小型电动机，可用人力抬。比较重的电动机可采用三脚架上挂链条葫芦或用吊车来安装，将电动机按事先画好的中心线位置搬正。电动机应先初步检查水平，用水平尺校正电动机的纵向和横向水平情况，如图 1-64 所示。如果不平，可用 0.5～5mm 厚的钢片垫在机座下面来校正，切不可用木片、竹片来垫。

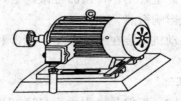

图 1-64　水准器校正电动机的水平

（2）传动装置的校正。电动机初步水平调整好以后，就应对传动装置校正，现将皮带传动和联轴器传动时校正方法介绍如下：

1）皮带传动。为了使电动机和它传动的机器能正常运行，必须使电动机皮带轮的轴和被传动机器皮带轮的轴保持平行，同时还要使它们的皮带轮宽度中心线在同一条直线上。

如果两皮带轮的宽度是相同的，那么校正轴的平行可用水准器校正电动机的水平在皮带轮的侧面进行，如图1-65所示。

如果皮带轮宽度不同，则首先要测量出两皮带轮的中心线，并画出其中心线位置，如图1-65所示的1、2和3、4两根线，然后拉一根线绳，对准1、2这根线，校正到3、4线也在同一条直线上为止。

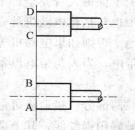

图 1-65　相同宽度的校正方法

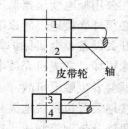

图 1-66　不同宽度校正方法

2）联轴器传动。电动机的轴是有质量的，所以联轴器在垂直平面内永远有挠度，如图1-67所示。假如两相连接的机器转轴安装绝对水平，那么联轴器的接触水平面将不会平行，如图1-67（a）所示位置。校准联轴器最简单的方法是用钢板尺校正，如图1-68所示。

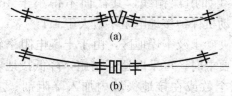

(a)

(b)

（a）两相联轴器等高；（b）两端轴承较高

图 1-67　电动机转子产生挠度

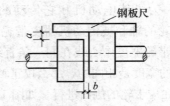

图 1-68　用铜板尺校正联轴器

4. 接地

（1）电动机的接地装置。

在公用配电变压器低压网络中，为了保证人身安全，用电设备都必须外壳接地，所以电动机安装中也包括将电动机外壳、铁壳式开关设备及金属保护管做良好接地。否则如果电动机等设备的绝缘损坏，造成机壳或电气设备上带电，当人与带电设备接触时，就会发生触电事故。

接地装置包括接地极和接地引下线两部分。接地极可采用钢管、角铁及带钢等制成。接地引下线最好用钢绞线，其上端用螺栓与电机或电气设备外壳相连接，其下端应用焊接的方去，接于接地装置上。

接地极采用钢管时，其管壁厚不得小于 3.5mm，管径为 35～50mm；采用角铁时，不得小于∟ 5 号角钢（∟ $50 \times 50 \times 5$），长度在 1.5～2m；采用钢带时，其厚度不可小于 4mm，截面不得小于 48mm²，长度在 2.5～3m 左右。

接地引下线如用裸铜线，其截面不得小于 4mm²。按规定 1000V 以下电动机保护接地电阻不应大于 4Ω。

在砂土、夹砂土及干燥地区，由于土壤电阻率较大，接地电阻值不能满足要求时，可采取适当措施，降低接地电阻。其方法为增加接地极个数或在接地极坑内加入降阻剂。接地极埋设深度，一般为距地面下 0.5～0.8m。

（2）电动机接零措施。

每台电动机和电气设备均要埋设接地装置，显然价格昂贵且工作量大，而且设备单相接地时，其短路电流要经过设备接地装置和变压器中性点接地装置构成回路，增大了回路电阻，可能使相线上熔断器不动作，降低了保护的灵敏性和可靠性。

为此，在单位专用变压器的供电网中的电动机和电气设备可统一采用保护接零方法。这种情况下设备绝缘击穿，单相短路电流经接零线构成回路，电阻比接地时大为减少，短路电流增加，以保证相线上熔断器熔体熔断。

但在同一配电变压器低压网中，不能有的设备采用保护接地，有的设备采用保护接零。即同一网络中保护接地和保护接零不能混用。这是必须注意的重要原则。

如果同一配电变压器低压网中保护接地和保护接零混用，当保护接地的那台设备发生单、相接地短路时，短路电流经相线→电动机接地电阻→变压器低压侧中性点接地电阻构成回路，再短路电流由于回路电阻大，而电流值达不到熔断器熔断值，这样短路电流在接地电阻上的主降使变压器中性线均带上对人身有危害的电压。即在所有无故障的接零设备的外壳上均出现对人身有危险的高电压。故保护接地和保护接零，不能在同一低压系统中混用。

（五）三相异步电动机启动前后的安全检查

1. 启动前的检查

（1）了解电动机铭牌所规定的事项。

（2）电动机是否适应安装条件、周围环境和保护形式。

（3）检查接线是否正确，机壳是否接地良好。

（4）检查配线尺寸是否正确，接线柱是否有松动现象，有无接触不好的地方。

（5）检查电源开关、熔断器的容量、规格与继电器是否配套。

（6）检查传动带的张紧力，是否偏大或偏小；同时要检查安装是否正确，有无偏心。

（7）用手或工具转动电动机的转轴，是否转动灵活，添加的润滑油量和油质是否正确。

（8）集电环表面和电刷表面是否脏污，检查电刷压力、电刷在刷握内活动情况以及电刷短路装置的动作是否正常。

（9）测试绝缘电阻。

（10）检查电动机的启动方法。

2. 启动时注意事项

（1）操作人员要站立在刀闸一侧，避开机组和传动装置，防止衣服和头发卷入旋转机械。

（2）合闸要迅速果断，合闸后发现电动机不转或旋转缓慢声音异常时，应立即拉闸，停电检查。

（3）使用同一台变压器的多台电动机，要由大到小逐一启动，不可几台同时合闸。

（4）一台电动机连续多次启动时，要保持一定的时间间隔，连续启动一般不超过 3～5 次，以免电动机过热烧毁。

（5）使用双闸刀启动、星三角启动或补偿启动器启动时，必须按规定顺序操作。

3. 启动后的检查

（1）检查电动机的旋转方向是否正确。

（2）在启动加速过程中，电动机有无振动和异常声响。

（3）启动电流是否正常，电压降大小是否影响周围电气设备正常工作。

（4）启动时间是否正常。

（5）负载电流是否正常，三相电压电流是否平衡。

（6）启动装置是否正确。

（7）冷却系统和控制系统动作是否正常。

4. 运转体的检查斗

（1）有无振动和噪声。

（2）有无臭味和冒烟现象。

（3）温度是否正常，有无局部过热。

（4）电动机运转是否稳定。

（5）三相电流和输入功率是否正常。

（6）三相电压、电流是否平衡，有无波动现象。

（7）有无其他方面的不良因素。

（8）传动带是否振动、打滑。

第二章 常用临时用电保护系统

第一节 接地与接零

一、概念和原理

接地和接零在电气工程上应用极为广泛。保护接地和保护接零是防止电气设备意外带电造成触电事故的基本措施（意外带电是指像电气设备的金属外壳等，由于绝缘损坏或其他原因变为带电体的情况）。

（一）接地

所谓接地，就是将电气设备的金属部分与大地之间用导体作电气（金属）连接，这就叫接地。

为什么要和大地连接。我们可以把大地看作导体，同时认为是零电位。有了这种接地，当电气设备发生短路时，外壳上的电源就会通过接地体向大地作半球形散开，在距接地体越远，流散电阻（接地电阻）越小，当距 20m 以外的地方，实际上已变得很小，其流散电阻可以忽略不计。也可以认为，距接地体 20m 以外土壤中，流散电流所产生的电位降（或叫电压降）已接近为零，我们通常所说的"地"，就是指零电位处。

（二）工作接地

工作接地就是为电气的正常运行需要而进行的接地，它可以保证电气设备的可靠运行。

将变压器的中性点与大地连接后，则中性点和大地之间就没有电压差，此时中性点可称为零电位，自中性点引出的中性线称为零线。这就是我们一般施工现场采用的 380/220V 低压系统三相四线制，即三根相线一根中性线（零线），这四根线兼作动力和照明用，把中性点直接接地，这个接地就是电力系统的工作接地。这种将变压器的中性点与大地相连接，就叫工作接地。

如果没有工作接地，当变压器的高压侧发生绝缘损坏或是变压器的低压侧绝缘损坏，这时由于高压侧的影响，低压侧就会出现 6～7kV 以上的高电位，而原低压侧所有电气的绝缘是按 380V（或 500V 以下）考虑设计的，当然这样高的电位会摧毁低压线路中的所有绝缘而造成事故。有了这样的工作接地即中性点接地后，如果再发生同样情况，由于大量的电流通过接地体（接地电阻值很小不大于 4Ω）向大地扩散，所以低压侧的电位升高很小，这样就可以保障电网的运行安全。

由此可以看出，有了工作接地就可以稳定系统的电位，限制系统对地电压不超过某一范围，减少高压窜入低压的危险，保障电气设备的正常运行。但是这种工作接地不能保障人体触电时的安全，当人体触及带电的设备外壳时，这时人身的安全问题要靠保护接零或保护接地等措施去解决。

（三）保护接零

在 380/220V 三相四线制变压器中性点直接接地前的系统中，普遍采用保护接零为技术上的安全技术措施。保护接零就是把电气设备在正常情况下不带电的金属部分与电网中的零线连接起来，这种作法就叫保护接零。有了这种接零保护后，当电机的其中一相带电部分发生碰壳时，该相电流通过设备的金属外壳，形成该相对零线的单相短路（漏电电流经相线到设备外壳，到保护零线，最后经零线回到电网，与漏电相形成单相回路），这时的短路电流很大，会迅速将熔断器的保险烧断（保护接零措施与保护切断相配合），从而断开电源消除危险。

接零保护实质上是将用电设备的碰壳故障，改变成为单相短路故障，从而获得较大的电流，以保证迅速地熔断保险，尽快断开电源避免事故。如果没有安全措施，设备漏电后，外壳上将长期存在着危险电压，此危险电压不会自动消除，一旦人体触及外壳时，就会发生触电事故。

（四）保护接地

保护接地就是将电气设备在正常运行时，不带电的金属部分与大地作电气（金属）连接，以保护人身安全，就叫保护接地。

1. 保护接地与保护接零一样都是电气上采用的保护措施，但它们适用的范围不同，保护接零适用于中性点接地的电网；保护接地的措施适用于中性点不接地的电网中，也就是说电网系统对地是绝缘的。这种电网在正常情况下，漏电电流很小，当设备一相碰壳时，漏电设备对地电压很低，人触及时危险不大（电流通过人体和电网对地绝缘阻抗形成回路），但在电网绝缘性能下降等各种原因发生的情况下，也可能这个电压就会上升到危险程度。

采用保护接地后，由于人体电阻与保护接地电阻并联，这时漏电电流经金属外壳后，同时经过人体和接地，但是人体电阻（1000Ω）远远大于保护接地电阻（4Ω），因此大量电流经保护接地，只有很少电流通过人体，这样，人体所承受的电压降就很小，危险也就小多了。

2. 保护接地不适用于中性点接地系统的原因。

由于变压器中性点已进行接地，若再采用电气上的保护接地措施，当电气设备的一相发生碰壳故障时，设备外壳故障点的对地电压为110V，由此可以看出：

（1）故障点对地电压为110V，虽然已经较原220V电压有明显降低，但110V仍然高于安全电压，仍有一定危险；

（2）故障点电流比较小，仅27.5A。当设备发生故障时，希望能够迅速切断电源消除危险，而较小的电流不能满足要求。

一般采用的过流保护切断装置有两种，一种是自动开关，另一种是熔断器。我们在使用这两种切断装置时，为避开线路的峰值不产生误动作，又要能够在设备启动时不被启动电流切断，所以要按照装置的额定电流整定提高。对于自动开关的脱扣电流按1.5倍额定电流整定；对熔断器按4倍整定。因此，故障点27.5A的电流，仅能断开27.5A/1.5＝18.3A以下的自动开关，断开熔断器只限定在27.5A/4＝6.9A以下的熔断器，不能满足施工现场的用电安全要求，对较大容量的设备发生故障时，不能及时迅速切断电源，在故障点将长时间有近110V的电压，这是非常危险的。

（3）另外从经济上看，采用接地保护需每台设备都要有接地线、接地体，且达到4Ω以下的阻值尚需一定数量的钢材打入地下，施工完毕这些钢材不便周转，浪费较大。采用保护接零措施，只增加一根绝缘导线，且便于管理和多次周转使用。

（五）接地装置

接地装置包括接地体与接地线。与大地土壤直接接触的金属导体或金属导体组，叫接地体（接地极）；电气设备的接地部分与接地体连接的金属导线（导体）称为接地线。

接地线一般可采用钢质材料如：圆钢（≥ϕ6mm）、钢管（壁厚≥2.5mm）、角钢（厚度≥2.5mm）、扁钢（厚度≥4mm）等，不得采用铝质材料以防止氧化和机械损伤。移动式电气设备的接地线，为防止断开，应采用绝缘铜线。为保证接地装置的可靠性，规定每一接地装置的接地线，应采用两根以上导体，在不同点与接地装置连接。

接地体材料可采用圆钢（≥ϕ20mm）、钢管（≥ϕ48×

3.5mm)、角钢（≥50×50×5mm）、扁钢（≥40×4mm），不得采用螺纹钢材作接地体，防止与土壤接触不良。接地体垂直敷设时，相互间距离不小于长度的两倍，顶部距地面不小于 0.6m。

（六）接触电压、对地电压、接地电流、接地电阻

1. 接触电压

如果人体的两个部位同时接触具有不同电位的两处，则在人体的两个部位之间便形成了电位差，此时人体内就会有电流通过，这个电位差就称接触电压。例如人的手触及漏电设备（手部的电位），而脚站在地面上（脚部的电位），这时手与脚之间的电位差就是用电设备对地的漏电电压与人脚站立点的对地电压之差，也即触电人所承受的接触电压。

2. 对地电压

电气设备的接地部分与大地之间的电位差，称为对地电压。在正常情况下，电气设备的金属外壳与大地等电位（零电位），不产生对地电压。

3. 接地电流

也称工频接地电流，是指电气绝缘损坏后，经接地故障点，通过接地体流入大地的电流。

4. 接地电阻

包括接地线电阻及接地体的对地电阻两部分。由于接地线的电阻比接地体的对地电阻小得多，因此一般只计算接地体的对地电阻。接地电阻的数值等于接地装置对地电压与通过接地体流入地中电流的比值。相关规范规定了工作接地电阻值不大于 40Ω、重复接地电阻值不大于 100Ω。对于防雷接地电阻值的规定，由于雷电流是冲击电流，求得的接地电阻称为"冲击"接地电阻（一般电阻为"工频"接地电阻）。所以规定每一防雷装置的防雷接地、冲击电阻值不大于 300Ω。而冲击电阻值小于工频电阻值，尚需再进行换算。为避免换算的麻烦，又有"同一台电气设备的重复接地与防雷接地可使用同一接地体"的规定，所以防雷接地也采用重复接地阻值 10Ω 的要求即可满足规定。

（七）重复接地

重复接地是与保护接零相配合的一种补充保护措施。将保护零线上的一处或多处通过接地装置与大地再次连接，称为重复接地。重复接地可以减轻保护零线断线的危险性，缩短故障时间和降低漏电设备的对地电压以及改善防雷性能等。根据规定，重复接地在系统内不得少于三处。即除在首端（配电室或总配电箱）处做重复接地外，还必须在配电线路的中间（线路长度超过 1km 的架空线路、线路的拐弯处、较高的金属构架设备及用电设备比较集中的作业点）处和线路的末端（最后电杆或最后分配箱）处做重复接地。重复接地的电阻值不应大于 10Ω。

二、保护接地与保护接零

（一）保护接地

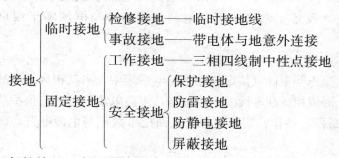

保护接地—变压器中性点（或一相）不直接接地的电网内，一切电气设备正常情况下不带电的金属外壳以及和它连接的金属部分与大地作可靠电气连接。

1. 原理

控制接地保护电阻很小，就可以把漏电设备的对地电压控制在安全范围之内，而且接地电流被接地保护电阻分流，流过人体的电流很小，保证了操作人员的人身安全。

2. 应用范围

保护接地适用于中性点不直接接地电网，在这种电网中，凡是由于绝缘破坏或其他原因，可能呈现危险电压的金属部分，除有特殊规定外，均应采取保护接地措施。包括：

（1）电机、变压器、照明灯具、携带式移动式用电器具的金属外壳和底座。

（2）配电屏、箱、柜、盘，控制屏、箱、柜、盘的金属构架。

（3）穿电线的金属管，电缆的金属外皮，电缆终端盒、接线盒的金属部分。

（4）互感器的铁芯及二次线圈的一端。

（5）装有避雷线的电力线杆、塔，高频设备的屏护。

（二）保护接零

保护接零就是在 1kV 以下变压器中性点直接接地的系统中，一切电气设备正常情况不带电的金属部分与电网零干线可靠连接。

1. 原理

在变压器中性点接地的低压配电系统中，当某相出现事故碰壳时，形成相线和零线的单相短路，短路电流能迅速使保护装置（如熔断器）动作，切断电源，从而把事故点与电源断开，防止触电危险。

2. 应用范围

中性点直接接地的供电系统中，凡因绝缘损坏而可能呈现危险对地电压的金属部分均应采用保护接零作为安全措施。保护零线的线路上，不准装设开关或熔断器。在三相四线制供电系统中，零干线兼做工作零线和保护零线时，其截面不能按工作电流选择。

3. 工作接地

在三相四线制供电系统中变压器低压到中性点的接地称为工作接地。接地后的中性点称为零点、中性线称为零线。

工作接地提高了变压器工作的可靠性，同时也可以降低高压窜入低压的危险性。

对高压侧中性点不接地系统，单相接地电流通常不超过30A，事故时低压中性点电压不超过120V，则工作接地电阻不大于40Ω就能满足接地要求。

4. 重复接地

将零线的一处或多处通过接地装置与大地再次连接称重复接地。

它是保护接零系统中不可缺少的安全技术措施，其安全作用是：

（1）降低漏电设备对地电压。

（2）减轻了零干线断线的危险。

（3）由于工作接地和重复接地构成零线并联分支，当发生短路时能增加短路电流，加速保护装置的动作速度，缩短事故持续时间。

（4）改善了架空线路的防雷性能；架空线上的重复接地对雷电流有分流作用，有利于限制雷电过电压。

重复接地的设置位置：户外架空线路或电缆的入户处，架空线路每隔1km处，架空线路的转角杆、分支杆、终端杆处。

（三）保护接地和保护接零的使用范围

设备的外壳具体采用保护接地还是采用保护接零，这要取决供电系统的中性点运行方式。它们的使用范围为：

1. 在中性点不接地系统中用电设备的外壳应采用保护接地；

2. 在中性点接地系统中用电设备的外壳应采用保护接零；

3. 在同一个低压供电系统中（指由同一台变压器或同一台发

电机供电的低压供电系统)，不允许保护接地和保护接零同时使用；

4.《低压用户电气安装规程》中规定，由低压公用电网或农村集体电网供电的电气装置应采用保护接地，不得采用保护接零。

第二节 中性点不接地系统的保护接地（IT 系统）

一、大幅度地降低故障设备外壳对地电压

IT 系统在中性点不接地的系统中，当发生单相接地，接地电流主要是取决于系统的分布电容和对地绝缘电阻。系统覆盖面越广，形成的单相接地电流越大。

设备的外壳采用保护接地后，当设备漏电时，设备的绝缘被击穿时，其外壳对地电压会大幅度地降低，如图 2-1 所示。

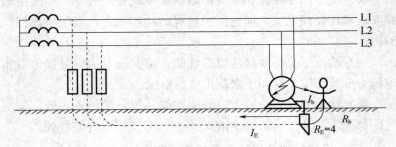

图 2-1　中性点不接地系统的保护接地示意

发生单相接地时流经大地的电流为 I_E。

$$I_E = \dfrac{U}{\dfrac{Z}{3} + \dfrac{R_E R_B}{R_E + R_B}}$$

因为 $R_E \leqslant R_B$

$$I_E \approx \frac{3U}{|Z+3R_E|}$$

通过人体的电流为 I_T 为

$$I_T = \frac{R_E}{R_B} I_E \approx \frac{3UR_E}{|Z+3R_E|R_T}$$

在 10kV 的电网中，如果采用 $16mm^2$ 铜电缆供电，该电缆每千米对地的分布电容是 $0.22\mu F$。线路的总长度为 1000m，导线的对地绝缘电阻为几千 $M\Omega$，可以忽略不计。设备不采用保护接地时，当单相接地触电时，我们可以计算出通过人体的电流 I_T。

$$I_T = \frac{3U}{\sqrt{\left(\frac{1}{WC}\right)^2 + (3R_b)^2}} = \frac{3 \times \frac{10000}{\sqrt{3}}}{\sqrt{\left(\frac{1}{3.14 \times 2.2 \times 10^{-7}}\right)^2 + (3 \times 1000)^2}} = 171mA$$

I_T 足以使人致命。

而设备采用保护接地后

$$I_T = \frac{R_E}{R_B} I_E \approx \frac{3UR_E}{|Z+3R_E|R_T}$$

$$= \frac{3 \times \frac{10000}{\sqrt{3}} \times 4}{\sqrt{\left(\frac{1}{3.14 \times 2.2 \times 10^{-7}}\right)^2 + (3 \times 4)^2} \times 1000}$$

$$= 4.78mA$$

I_T 远小于摆脱电流，这时人接触到故障设备的带电外壳，能够自主地脱离带电体。因此，中性点不接地系统，用电设备采用保护接地，对防止间接接触触电效果显著。

二、两台设备不同相同时漏电（双重漏电）的情况

在中性点不接地的电网中如果两台设备同时漏电（图 2-2）。两台设备同时存在不同相漏电时，R_{E1}、R_{E2} 串联，接在电源的线电压上。每台设备的对地电压 U_{M1}、U_{M2} 分别为

$$U_{M1} = \frac{\sqrt{3}UR_{E1}}{R_{E1}+R_{E2}}$$

$$U_{M2} = \frac{\sqrt{3}UR_{E2}}{R_{E1}+R_{E2}}$$

若在 10kV 的电网中 R_{E1}、R_{E2} 相等，$U_{M1}=U_{M2}=5000$V。这是相当危险的电压，在中性点不接地的电网中发生单相接地，要求在 2h 内排除故障，否则线路停电。

为了防止双重漏电对人身安全的威胁，用导线将两台设备的接地装置连接成一体，称为等电位连接。在双重故障的情况下造成线电压短路，促使短路保护装置动作，迅速切断两台故障设备或切断其中的一台设备的电源，以保证安全。如果实现等电位连接有困难应安装漏电保护装置。

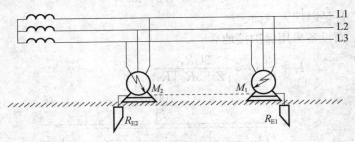

图 2-2　双重漏电原理

三、应当保护接地的设备

在各种不接地的配电网中，凡由于绝缘损坏或其他原因，有可能带危险电压在正常情况不带电金属部分，除另有规定外，均应接地，它们是：

（1）电动机、变压器、开关设备、照明器具、移动式电气设备的金属外壳或金属构架；

（2）Ⅰ类电动工具或民用电器的金属外壳；

（3）装置的金属构架、控制台的金属框架及靠近带电部分的金属栏和金属门；

（4）穿导线的金属管；

（5）电气装置的传动机构；

（6）金属接线盒、金属外皮和金属支架；

（7）架空线路的金属杆塔；

（8）电压互感器和电流互感器的二次线圈。

直接安装在已接地金属底座、框架、支架等设施的电气设备的金属外壳一般不必再接地；有木质、沥青等高阻导电地面，无裸露接地导体，而且干燥的房间，额定电压 AC380V 和 DC440V 及以下的电气设备的金属外壳一般也不必接地；安装在木结构或木杆塔上的电气设备的金属外壳一般也不必接地。

第三节　中性点接地系统中的保护接地（TT 系统）

一、无保护接地的中性点接地系统

在图 2-3 中，低压供电系统为中性点接地系统，用电设备的外壳悬空（既没接地也没接零）。当设备绝缘被击穿后，其外壳对地的电压为相电压（220V）。当人站在大地上接触该设备的外壳时，人体承受的电压为电源的相电压（220V），通过人体的电流 I_b 为：

$$I_b = \frac{U}{R_b + R_n}$$

式中　U——电网的相电压，V；

　　　R_b——人体电阻，Ω。

　　　R_n——变压器中性点工作接地电阻，Ω。

如果人体的电阻 $R_b = 1000\Omega$。

变压器工作接地的接地电阻 $R_n = 4\Omega$。

则通过人体的电流为：

$$I_b = \frac{U}{R_b + R_n} = \frac{220}{1000 + 4} \approx 220\text{mA}$$

该电流远超过人体所能承受的安全电流，一旦触电事故发生，对触电者是十分危险的。

二、TT 系统

第一个"T"表示变压器的中性点接地；第二个"T"表示用电设备的外壳接地。

TT 系统如图 2-3 所示。

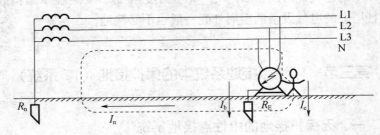

图 2-3　TT 系统

当设备出现单相接地短路时，形成的单相接地短路电流为

$$I_n = \frac{U}{R_N + \dfrac{R_E R_B}{R_E + R_B}} \approx \frac{U}{R_E + R_n} \qquad （因为 R_b \geqslant R_E）$$

当 $R_n = R_E = 4\Omega$ 时，则有

$$I_n \approx \frac{U}{R_E + R_n} = \frac{220}{4 + 4} = 27.5\text{A}$$

这时设备外壳的电压 U_E 为

$$U_E = I_n \times R_E = 27.5 \times 4 = 110\text{V}$$

而变压器的中性点（即零线）的电压 U_N 为

$$U_N = I_n \times R_N = 27.5 \times 4 = 110\text{V}$$

这时人接触到故障设备外壳或系统的零线时，人体承受的电

压为 110V，假若人体的电阻按 1000Ω 计算，通过人体的电流为：

$$I_b = \frac{U_E}{R_b} = \frac{110}{1000} = 110mA$$

远超过人体所能承受的安全电流。设备外壳上电压高低取决 R_N 和 R_E 的大小。当 $R_E > R_N$ 时，$U_E > U_N$，设备外壳上的电压就大于 110V，而零线上的电压就低于 110V。这时人体接触到带电设备外壳，触电的危险性更大。采用保护接地的安全情况可以从两个方面分析：

（一）故障后短路保护装置动作

如果发生接地短路时，产生的 27.5A 的单相短路电流能够使该线路的短路保护装置动作（如熔断器的熔体熔断或空气开关跳闸等），或者线路上装有漏电保护器，漏电保护器动作切断故障设备的电源，这种保护接地是可以起到一定的安全作用，但是在多数的情况 27.5A 的单相短路电流不一定能使短路保护装置可靠地动作。

（二）故障后不能使短路保护装置动作

当设备容量比较大时，27.5A 的电流无法使短路保护装置动作，这样 27.5A 的电流就会通过大地构成回路，并且持续地存在。系统的零线和故障设备外壳上持续存在着危险的电压，人体接触到正常情况下不带电的系统的零线或者故障设备外壳就有可能发生触电。人或牲畜在接地体附近活动时也有可能触电。现就这两种触电情况的危险性进行分析。

1. 接地体附近的电位分布情况。

当设备单相接地时，单相接地短路电流在接地体上形成电压：

$$U_E = I_n \times R_E = 27.5 \times 4 = 110V$$

接地体周围大地的电位分布情况如图 2-4 所示。以接地体所在的点为圆心，以 20m 为半径在大地上画一个圆，圆周及其以外大地的电位为零。在圆周内，越靠近接地体，大地的电位越高。

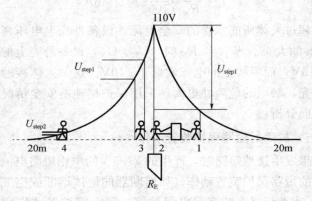

图 2-4　接地体周围的电位分布图

2. 接触电压 U_J 与接触电压触电。

电气安全技术中规定，接触电压 U_J 是指人体站在离漏电设备水平距离为 0.8m，手触及漏电设备外壳距地面 1.8m 处时，人体的手与脚两点之间的电位差称为接触电压的计算值。由于承受接触电压而发生的触电，称为接触电压触电。由图 2-4 可见，接触电压的高低与人体所处的位置有关。人体站在离接地体 20m 以外，接触到故障设备的带电外壳，人体承受的电压就是设备外壳的对地电压（110V）。人体所处的位置越靠近接地体，人脚的电位越高，人手接触带电设备外壳时，接触电压越小。可见当人体站在接地体的正上方，手接触带电设备外壳时，手和脚的电位相同，都是 110V，人体承受的电压为零，接触电压为零。所以说中性点接地系统采用保护接地时具有一定的触电危险，该保护方式是不安全的。

3. 跨步电压与跨步电压触电。

电气设备发生接地故障时，在接地点周围行走的人，两脚将处在不同的电位上，两脚之间（约 0.8m）的电位差称为跨步电压。在图 2-4 中，人处在"3"位置时跨步电压为 U_{K1} 时，当人处在"4"位置时跨步电压为 U_{K2}。可见当人在接地点附近行走时，越靠近接地点跨步电压越高。在中性点接地的低压电网中设备采用保护接地，从防止接触电压触电的角度，人体站在接地点正上方操作带电设备，接触电压最小，对防止触电事故有利。但是在这个位置跨步电压最大，容易发生跨步电压触电。跨步电压触电时，电流是从一只脚经跨部到另一只脚，经过大地形成回路。触电的症状是两脚发麻、抽筋、甚至跌倒在地。跌倒后人体上所施加的电压和电流的路径随之改变，如果这时触电者不能及时摆脱困境，就会使人致命。

除此之外，跨步电压触电还会发生在高压架空导线断线后，导线落地点的附近或避雷针落雷时其接地体的附近。当高压架空线断线落地时，导线接地点附近电位的分布情况与有接地电流存在的接地体附近大地电位分布情况一样。如果发现高压线落地，首先要阻止人们进入离接地点 20m 的范围之内。在危险范围以内的人要两脚并拢站在原地等待救援，或单脚跳出离接地点 20m 以外的地方。在雷雨到来时，不要站在避雷装置的附近，防止落雷时跨步电压伤人。

接触电压和跨步电压的大小与接地电流的大小、土壤的电阻率、设备的接地电阻以及人体的位置等因素有关。穿绝缘鞋、戴绝缘手套是防止接触触电和跨步电压触电的最简单的方法。使用绝缘鞋、绝缘手套后，其绝缘电阻上有电压降，人体承受的接触电压和跨步电压将明显下降，会大幅度地减小间接接触触电时通过人体的电流。因此，电工工作时要穿长袖工作服，穿绝缘鞋，戴绝缘手套和安全帽，严禁露臂赤脚操作电气设备。

第四节 中性点接地系统的保护接零（TN 系统）

目前，我国地面上低压配电网绝大多数都采用中性点直接接地的三相四线配电网。在这种配电网中，TN 系统是应用最多的配电及防护方式。

一、TN 系统安全原理和基本安全条件

（一）TN 系统安全原理

TN 系统是电源系统有一点直接接地，负载设备的外露导电部分通过保护导体连接到此接地点的系统，即采取接零措施的系统。字母"T"和"N"分别表示配电网中性点直接接地和电气设备金属外壳接零。设备金属外壳与保护零线连接的方式称为保护接零。如图 2-5 所示的系统中，当某一相线直接连接设备金属外壳时，即形成单相短路。短路电流促使线路上的短路保护装置迅速动作，在规定时间内将故障设备断开电源，消除电击危险。

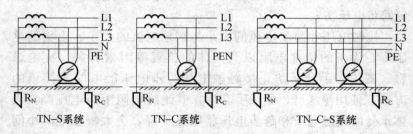

图 2-5 TN 系统的三种形式示意

设备断开电源前，其上对地电压决定于相－零线回路（L－PE 线回路）的特征，其大小为

$$U_{\mathrm{E}} = \frac{Z_{\mathrm{PE}}}{Z_{\mathrm{T}} + Z_{\mathrm{E}} + Z_{\mathrm{L}} + Z_{\mathrm{PE}}} U$$

式中 Z_{PE}——回路中包括 PE 线和 PEN 线的全部保护线阻抗；

$\quad\quad Z_L$——相线阻抗；

$\quad\quad Z_E$——相线上电气元件的阻抗；

$\quad\quad Z_T$——变压器计算阻抗。

如上列阻抗值难以确定，预期接触电压可按下式近似计算

$$U_E = KU \ (m/1+m)$$

式中 m——保护零线电阻与相线电阻之比，即 $m = R_{PE}/R_g$；

$\quad\quad K$——计算系数，有总等电位连接时取 $K = 0.6 \sim 1$。

应当指出，这样依靠回路阻抗分压，将漏电设备故障对地电压限制在安全范围以内一般是不可能的。例如：当 $U = 220V$、$m = 1$ 时，$U_E = 66 \sim 110V$；当 $U = 220V$、$m = 2$ 时，$U_E = 88 \sim 147V$。这些电压都远远超过安全电压。由此可知，故障时迅速切断电源是保护接零第一位的安全作用，而降低漏电设备对地电压是其第二位的安全作用。

（二）TN 系统的基本安全条件

故障时对地电压的允许持续时间应符合表 2-1 和图 2-5 的要求。由于保护零线分布和地面电位分布的复杂性，难以求得准确的对地电压，表 2-1 和图 2-5 的应用将遇到困难。因此，国际电工委员会以额定电压为依据作了以下简明规定：

1. 对于Ⅰ类手持电动工具、移动式电气设备和 63A 以下的插座，故障持续时间不得超过表 2-1 所列数值。

2. 对于配电干线和接向固定设备的配电线路（该配电线路的配电盘不接用Ⅰ类手持电动工具、移动式电气设备或 63A 以下的插座，或配电盘与保护零干线有电气连接），故障持续时间不得超过 5s。

表 2-1　TN 系统允许故障持续时间

额定对地电压/V	120	230	277	400	580
允许持续时间/s	0.8	0.4	0.4	0.2	0.1

二、TN 系统种类及应用

保护接零适用于电压 0.23/0.4kV 低压中性点直接接地的三相四线配电系统，应接保护导体部位与保护接地相同。

如图 2-5 所示，TN 系统有三种类型，即 TN-S 系统、TN-C-S 系统和 TN-C 系统。其中，TN-S 系统是有专用保护零线（PE 线），即保护零线与工作零线（N 线）完全分开的系统；爆炸危险性较大或安全要求较高的场所应采用 TN-S 系统；有独立附设变电站的车间宜采用 TN-S 系统。TN-C-S 系统是干线部分保护零线与工作零线前部共用（构成 PEN 线），后部分开的系统。厂区设有变电站，低压电进线的车间以及民用楼房可采用 TN-C-S 系统。TN-C 系统是干线部分保护零线与工作零线完全共用的系统，用于无爆炸危险和安全条件较好的场所。

三、过电流保护装置的特性

（一）熔断器保护特性

在小接地短路电流系统（接地短路电流不超过 500A）中采用熔断器作短路保护时，要求

$$I_{ss} \geq 4I_{Fu}$$

式中　I_{ss}——单相短路电流；

　　　I_{Fu}——熔体额定电流。

当符合上述条件时，市场上国产低压熔断器的熔断时间多在 5~10s 之间。为满足发生故障后 5s 以内切断电源的要求，对于一般电气设备和手持电动工具（移动式电气设备与手持电动工具要求相同），建议按表 2-2 选取 I_{ss} 与 I_{Fu} 的比值。

表 2-2　TN 系统对熔断器的要求

I_{ss}/I_{Fu}比值	熔体额定电流/A				
	4～10	16～30	40～63	80～200	250～500
一般电气设备	4.5	5	5	6	7
手持电动工具	8	9	10	11	—

（二）断路器保护特性

在接地短路电流系统中采用低压断路器作短路保护时，要求

$$I_{ss} \geqslant 1.5 I_{QF}$$

式中，I_{QF}为低压断路器瞬时动作或短延时动作过电流脱扣器的整定电流。由于继电保护装置动作很快，故障持续时间一般不超过 $0.1～0.4s$。

（三）单相短路电流

单相短路电流是保护接零设计和安全评价的基本要素。如有充分的资料，稳态单相短路电流 I_{ss} 可按下式计算

$$I_{ss} = \frac{U}{Z_T + Z_E + Z_L + Z_{PE}}$$

式中　U——相电压；

　　Z_L——相线阻抗；

　　Z_{PE}——保护零线阻抗；

　　Z_E——回路中电气元件阻抗；

　　Z_r——变压器计算阻抗。

四、TT 与 TN 保护系统

我国建筑施工现场临时用电工程所采用的电力系统，通常为线电压 380V、相电压 220V、变压器中性点直接接地的三相四线制低压电力系统，在这个系统中，采用的保护方式为 TT 系统和TN 系统。

（一）TT 与 TN 比较

在施工现场设置的变压器，将中性点直接接地的电力系统中，采用 TN 系统较采用 TT 系统效果更好。

1. TN 较 TT 安全度高

当用电设备发生碰壳故障时，TN 较 TT 的故障点电流大，所以不仅使熔体熔断的时间短、更安全，同时由于 TN 的短路电流值更大，被保护的用电设备容量也相应增大，所以保护的范围较 TT 大。

2. TN 较 TT 更经济

由于施工现场用电设备较多，若采用 TT 系统，将造成较多的钢材一次性埋入地下，费用较大；而 TN 系统，只多加设一根保护零线，且可以周转使用，损耗低。

通过以上比较看，对于施工现场临时用电工程，一般情况如果采用 TT 接地保护系统，从技术、经济角度进行分析都不是最好的方法。

（二）在同一供电系统中，只能采用同一种接地方式

在同一供电系统中，不得一部分电气设备作保护接零，而另一部分电气设备作保护接地。

在用电系统中，用电设备采用保护接地还是采用保护接零，取决于该供电系统的供电变压器中性点的运行方式。如果变压器中性点不接地，那么该供电系统所有用电设备均采用保护接地；若变压器中性点直接接地，则该系统全部用电设备均采用保护接零。

如果在变压器中性点接地的系统中，一部分用电设备采用保护接零，同时又有一部分采用保护接地，当采用保护接地的设备发生碰壳故障时，由于短路故障电流不足以使保护装置动作，此时短路电将通过保护接地到工作接地，再到零线，导致接零设备在没有发生故障的情况下，外壳带电，这对人体是很危险的。所

以规定在同一供电系统中，保护方式应统一。

1. 当分包单位采用总包单位电源时，必须与总包单位保护方式一致；当施工现场与电力部门线路共用同一供电系统（此时施工单位没有自行维护的变压器，而是直接采用电力部门低压供电）时，必须与电力部门的保护方式一致，根据当地电力部门的规定，作保护接零或作保护接地，不得由施工单位自己决定保护方式，防止在同一供电系统中，两个用电单位发生保护不一致的问题。

2. 当施工现场采用电力部门高压端供电，自行设置变压器提供现场施工用电时，第一应将变压器中性点直接接地；第二必须采用 TN-S 接零保护系统。

第三章　临时用电 TN-S 系统

　　建筑施工现场临时用电工程专用的电源中性点直接接地的 220/380V 三相四线制低压电力系统，必须采用 TN-S 接零保护系统。

第一节　TN-S 系统

　　在该系统中，T：系统中变压器或发电机的中性点接地；

　　　　　　　　N：表示系统中所有用电设备金属外壳采用保护接零；

　　　　　　　　S：表示系统中有专用保护线（PE 线），保护零线与工作零线完全分开。

　　TN-S 系统电路构成如图 3-1 所示。R_C 为重复接地电阻，R_N 为工作接地电阻。电气设备的外壳与系统保护（PE）线相连。在爆炸危险性较大或安全要求较高的场所应采用该系统。有独立敷设变电站的高层建筑或车间也可以采用该系统。

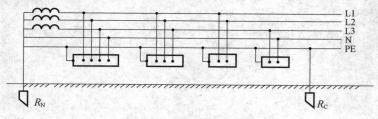

图 3-1　TN-S 系统示意图

（一）保护原理

当设备的绝缘被击穿（如 L1 相绝缘击穿），形成电源的单相短路，其单相短路电流为 I_d。

$$I_d = \frac{U}{Z_L + Z_{PE} + Z_E + Z_T}$$

式中 U——电源的相电压；

Z_L——相线阻抗；

Z_{PE}——保护零线阻抗；

Z_E——回路中电气元件的阻抗；

Z_T——变压器计算阻抗。

可见由于短路电流较大，系统中的短路保护装置动作切断故障设备电源，将故障设备脱离电源，防止触电事故的发生。TN-S 系统的安全问题的关键是，要与可靠的短路保护装置配合，在设备外壳带电时短路保护装置一定要可靠地动作。这里存在着与短路保护的配合问题。

（二）与熔断器的配合

我们知道市场上国产的低压熔断器，当通过的电流为其额定电流的 4 倍时，熔断器的熔断时间在 $5\sim10s$。设备漏电时形成的短路电流 I_d 与熔断器的额定电流的比值越大，熔断器的熔断时间越短，故障设备外壳带电的时间越短，间接接触触电的危险性相对减少。

（三）与断路器的配合

当系统出现单相短路时，短路电流 I_d 若大于 1.5 倍的低压断路器的瞬时动作或短延时动作过电流脱扣器的整定电流时，断路器动作时间在 $0.1\sim0.4s$，将会迅速地切断故障设备的电源。

（四）其他

在 TN-C 中，由于工作零线与保护零线共用一根线，从而带来了零线的危险和接装漏电保护器的不安全。而 TN-S 是采用了具有专用保护零线的保护系统，所以克服了 TN-C 的缺陷。

1. 由于工作零线与保护零线分设，保护零线在正常工作的情况下不通过电流（单相设备的工作电流通过工作零线，而工作零线与保护零线之间是绝缘的），只有当电气设备绝缘损坏时才通过故障电流。这样一来，正常情况下保护零线不会有电流而发生危险，当三相不平衡时，不会使保护零线产生对地电压。

2. 在工作零线与保护零线分离点以后，即使工作零线断开，只是单相设备不能启动，不会造成保护零线以及用电设备外壳带电。

3. 由于 TN-S 具有专用的保护零线，有利于安装漏电保护器，使漏电保护器的正常功能不受限制。

第二节　TN-C 系统

在该系统中T：变压器的中性点工作接地；

N：表示用电设备的外壳保护接零；

C：表示工作零线与保护零线完全共用。

TN-C 系统是干线部分保护零线与工作零线完全共用，一般用于安全条件较好或无爆炸危险的场所。

（一）保护原理

系统中的用电设备绝缘被击穿后，形成单相短路。所以，该系统的保护原理与 TN-S 相同。

（二）注意事项

1. 保护零线的截面应当符合规定。

2. 使用 TN－C 系统时，要尽可能使三相负荷平衡。否则，零线上不对称电流在 PEN 线上产生电压，导致接零保护的设备外壳带有一定的电压。并且，该电压将会随着三相负荷不平衡的加剧而增大。

3. 严禁零线断线，零线断线后由于系统三相负荷不平衡使零线对地的电压发生偏移。一方面导致三相相电压不对称，烧坏某些单相电气用电设备。另外，保护接零设备的外壳带有危险的电压。所以，该系统的零线上严禁装开关和熔断器。

(三) 其他

在变压器中性点接地的系统中，采用了 TN-C 后与 TT 系统相比较，不但安全程度提高了，同时还节省了大量的接地装置，所以有一定优点。但是从防触电技术角度看，TN-C 仍存有明显的缺陷：

1. 三相不平衡时零线存在对地电压。

由于 TN-C 是工作零线与保护零线共用一根导线，所以当系统中出现三相不平衡时，即使在无故障的情况下，零线中也会有电流（当发生短路故障时，电流会更大）。而施工现场经常是三相设备与单相设备共用，所以三相不平衡是经常的，当三相不平衡严重时，可能会导致触电事故；

2. 零线断线时电气设备的金属外壳存在相电压。

由于 TN-C 的工作零线与保护零线共用一根线，当发生零线断线而单相设备仍在运行时，单相设备的工作电流将通过工作零线到保护零线，而到其他用电设备的金属外壳，将导致正常情况下的用电设备出现对地相电压（220V），当有人触及时，会发生触电事故；

3. 给接装漏电保护器带来困难。

漏电保护器的接线规定：工作零线必须穿过漏电保护器，保护零线严禁穿过漏电保护器。否则就会造成保护器的误动作，或保护器失去保护功能。而 TN-C 是工作零线与保护零线共用一根线，容易造成接线不当，使保护器失去功能。

在施工现场专用的中性点直接接地的电力线路中、必须采用

TN-S 接零保护系统。

第三节　TN-C-S 系统

在该系统中T：变压器的中性点接地；

　　　　　　N：表示用电设备的外壳保护接零；

　　　　　　C-S：表示保护零线和工作零线部分共用。

该系统适合于厂区没有变电站，三相四线制电源进车间或进民用楼房的供电方式。其主要特点是车间或民用楼房的接户线为三相四线制电源，进入车间或楼房后工作零线与保护零线分开，在此以前零线和保护线共用，图 3-2 为该系统的示意图。

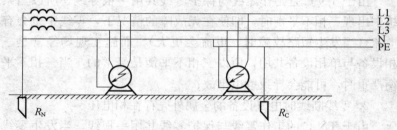

图 3-2　TN-C-S示意

TN-C-S 是在特定的情况下采用的一种形式。例如分包单位施工采用总包电源时，总包单位已经采用了 TN-C 方式，并提供分包单位一台分配电箱供分包单位使用（此时这台分配电箱已形成分包单位的总配电箱）。分包单位可自分配电箱漏电保护器的电源侧引出零线与重复接地装置连接（此时分配电箱处应做重复接地），并从重复接地装置处引出专用保护零线 PE，形成分包单位的施工用电 TN-S 系统。而在总包单位的供电系统中，便形成了 TN-C-S 系统，由于在同一系统内采取了同一保护形式（TN），所以分包单位的施工用电更加可靠，对总包的用电安全也不会造成影响。

第四节　专用保护零线位置的引出

施工现场采用 TN-S 接零保护系统后，其电气设备的金属外壳必须与专用保护零线连接。专用保护零线应由工作接地线、配电室的零线或第一级漏电保护器电源侧的零线引出。

1. 由工作接地体引出。保护零线由变压器中性点做的工作接地装置处引出。

2. 由配电室的低压配电屏或总配电箱处的重复接地装置处引出。

3. 当施工现场用电系统已经安装了漏电保护器时，应由第一级漏电保护器电源侧的零线引出。第一级漏电保护器主要是指，在配电屏或总配电箱内设置的漏电保护器。因为保护零线不准穿过漏电保护器，所以必须在电源侧的零线引出，不能在漏电保护器的负荷侧引出，否则漏电保护器失去保护功能。

第五节　对保护零线的要求

1. 保护零线必须与工作零线分设，不能混接，否则导致在正常情况下，电气设备外壳带电。保护零线采用绿/黄双色线，在任何情况下，不准用绿/黄双色线作负荷线用。

2. 电箱中设两块端子板，即工作零线端子板与保护零线端子板。保护零线端子板应与金属箱体、金属底板连接，而工作零线端子板应与金属箱体、金属底板以及保护零线端子绝缘。端子板的每个接线连接端子只能固定一根导线，不准多根线缠绕在一个端子连接点上，防止连接松动影响保护效果。

3. 保护零线上不允许接装开关和熔断器，否则容易造成保护零线断线失去作用。保护零线不能穿过漏电保护器（漏电保护开关），只能从保护器的电源侧（即进线处）引出。

4. 应在保护零线上进行重复接地，以提高其可靠性。

5. 保护零线应保证其机械强度，不准使用铝线。与电气设备连接的保护零线，应使用截面不小于 $2.5mm^2$ 的绝缘多股铜线；手持式用电设备的保护零线，应在多股铜线的橡皮电缆内，其截面不小于 $1.5mm^2$。对产生振动的设备，保护零线的连接点不少于两处。

6. 保护接地体、保护接零都不允许串接

为了提高接地的可靠性，电气设备的接地支线（或接零支线）应单独与接地干线（接零干线）或接地体相连，不应串联连接。

1. 保护接地串联

如果多台用电设备采用串联方法共用一个保护接地体，当其中一台设备发生碰壳故障时，所有设备的外壳就会同时具有与保护接地处的相同电位（即相电位），人触及设备时，随人体距离接地体处越远，电位越小，但接触电压越大（接触电压等于相电压与人体脚部所处的电位差），容易导致触电事故。所以多台设备不应串联共用一组接地，应每台设备分别单独接地或采用地下接地网措施。

2. 保护接零串联

如果多台用电设备的保护零线采用了串接方法，当保护零线发生断线，而且在断线处后面的某台设备发生漏电时，则断线后面所有电气设备的外壳上，均出现危险电压，将严重威胁人身安全。所以多台设备（或多台开关箱）的保护零线不准串接，应各自与干线的保护零线相连接。

第六节　重复接地

（一）概念及要求

重复接地是将零线上一处或多处通过接地装置与大地做可靠连接，这类接地称为重复接地。

在同一低压供电系统中重复接地不得少于 3 处，当工作接地电阻不超过 4Ω 时，每处重复接地的接地电阻不得超过 10Ω。当工作接地的接地电阻允许不超过 10Ω 时，重复接地的接地电阻不得超过 30Ω。

（二）重复接地的要求

1. 在架空线路的终端或沿线路每 1km 处应装重复接地；分支线长度超过 200m 的分支处应装重复接地。

2. 线路引入车间或大型建筑物的配电装置处应装重复接地。

3. 采用金属管配线时，金属管与保护零线连接后应装重复接地；当采用塑料管配线时，另行敷设保护零线时应装重复接地。

第七节　技术要求

1. 在施工现场专用变压器的供电的 TN-S 接零保护系统中，电气设备的金属外壳必须与保护零线连接。保护零线应由工作接地线、配电室（总配电箱）电源侧零线或总漏电保护器电源侧零线处引出（图 3-3）

2. 当施工现场与外电线路公用同一供电系统时，电气设备的接地、接零保护应与原系统保持一致。不得一部分设备做保护接零，另一部分设备做保护接地。

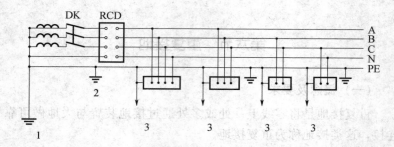

图 3-3　专用变压器供电时 TN-S 接零保护系统示意

1—工作接地；2—PE 线重复接地；3—致电气设备金属外壳；A、B、C—相线；
N—零线；PE—保护零线；DK—总电源隔离开关；RCD—总漏电保护器（兼有短路、
过载、漏电保护功能的漏电断路器）

采用 TN 系统做保护接零时，工作零线（N 线）必须通过总漏电保护器，保护零线（PE 线）必须由电源进线零线直接重复接地处或总漏电保护器电源侧零线处，引出形成局部 TN－S 接零保护系统（图 3-4）。

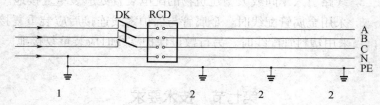

图 3-4　三相四线供电时局部 TN-S 接零保护系统保护零线引出示意

1—NPE 线重复接地；2—PE 线重复接地；A、B、C—相线；N—工作零线；
PE—保护零线；DK—总电源隔离开关；RCD—总漏电保护器（兼有短路、
过载、漏电保护功能的漏电断路器）

（三）技术要点

1. 保护零线必须采用绝缘导线，其颜色应使用黄/绿双色线。任何情况下不得与相线（黄、绿、红），零线（淡蓝）混用或相互代用。

2. 在 TN-S 系统中，通过总漏电保护器的工作零线与保护零线之间不得再做电气连接，严禁混用。

3. 保护零线的敷设必须自施工现场临电系统的首端至终端连续设置，不得有断开点。即总箱→分箱→开关箱→设备金属外壳。PE 线上严禁装设开关或熔断器，严禁通过工作电流。

4. PE 线截面与相线截面的关系（表 3-1），另外，电动机械的 PE 线截面要求应为不小于 $2.5mm^2$ 的绝缘多股铜线，手持式电动工具的 PE 线截面要求应为不小于 $1.5mm^2$ 的绝缘多股铜线。

5. TN 系统中的保护零线除必须在配电室或总配电箱处做重复接地外，还必须在配电系统的中间处和末端处做重复接地。其每一处重复接地装置的接地电阻不应大于 10Ω。

6. 每一接地装置的接地线应采用 2 根及以上导体，在不同点与接地体连接。不得采用铝导体做接地体或接地线。

表 3-1 PE 线截面与相线截面的关系

项线芯线截面 S（mm^2）	PE 线最小截面（mm^2）
$S \leqslant 16$	5
$16 < S \leqslant 35$	16
$S > 35$	$S/2$

7. 接地装置的设置应考虑土壤干燥或冻结等季节变化的影响，应符合表 3-2 的规定。

表 3-2 接地装置的季节系数 ϕ 值

埋 深（m）	水平接地体	长 2～3m 的垂直接地体
0.5	1.4～1.8	1.2～1.4
0.8～1.0	1.25～1.45	1.15～1.3
2.5～3.0	1.0～1.1	1.0～1.1

8. 接地可利用自然接地体，但应保证其电气连接或热稳定。不得采用螺纹钢作为垂直接地体，宜采用角钢、钢管或光面圆钢。

9. 单台容量超过 $100kV \cdot A$ 或使用同一接地体装置并联运行且总容量超过 $100kV \cdot A$ 的电力变压器或发电机的工作接地电阻值不得大于 4Ω。

单台容量不超过 100kV·A 或使用同一接地体装置并联运行且总容量不超过 100kV·A 的电力变压器或发电机的工作接地电阻值不得大于 10Ω。

在土壤电阻率大于 1000Ω·m 的地区，工作接地电阻值可提高到 30Ω。

第四章 常用电气设备使用与维护

第一节 单相设备

一、单相设备的特点

（一）有工作零线

单相设备与三相设备不同，三相设备是由三根相线供电，本身即可构成供电回路；而单相设备是由一根相线供电，本身不能构成供电回路，所以必须有一根工作零线作为供电回路，单相设备运行时，工作零线中便有电流经过。单相设备的额定电压为220V。

在施工现场经常是三相设备与单相设备同时使用，由于单相设备的接线、使用造成各相负载不均衡，使三相供电不平衡，零线中经常有不平衡电流，当采用 TN-C 系统时，因为工作零线与保护零线共用会带来不安全。

（二）移动性大

单相设备体积小、使用方便，像手持式电动工具、手提照明灯等，需要经常移动，工作环境不固定，作业条件差，所以电气绝缘容易损坏，尤其是这些设备往往又是由操作人用手紧握的工作方式，因此其触电危险性更大。

（三）不便管理

许多小型设备都属通用型，像手电钻、手提照明、小电炉等通用性强，不是专用设备，各工种、各部门都会使用，常常分散存放，无专人管理，经常带病运行，隐患不能及早发现，所以事故发生率也高。

二、单相设备的接线

（一）在中性点接地系统中

在变压器中性点直接接地的供电系统中，应当采用保护接零措施，不应采用保护接地。必须保持零线的连续性和可靠性，不得在零线上安装开关和熔断器。

（二）在 TN-C 系统中

由于工作零线与保护零线共用一根导线，所以单相设备的保护零线应接向零干线，不准接向零支线，防止由于工作零线断线导致设备外壳带电。

（三）在 TN-S 系统中

工作零线 N 与保护零线 PE 严格分开。PE 线采用绿/黄双色线。为了减轻过负荷的危险，在相线和工作零线上都装有熔断器，单相设备的外壳应接向保护零线。

（四）携带式设备的接线

携带式或移动式单相设备负荷线的零线或地线不应单独敷设，必须与电源线一起采用多股铜芯橡胶护套软线，其截面不小于 $1.5mm^2$，颜色为绿/黄双色。

三、安全变压器

规范规定，安全变压器必须使用双绕组型，严禁使用自耦变压器。

变压器是一种能将某一等级的电压（或电流）转换成另一等级的电压（或电流）的电气装置。它的基本结构是由铁芯及套在铁芯柱上的线圈（绕组）组成。接于电源侧的绕组称为一次绕组（初级绕组），接于负载侧的绕组称为二次绕组（次级绕组）。

变压器按线圈结构可分为：单绕组变压器、双绕组变压器、三绕组变压器、多绕组变压器。

（一）自耦变压器

自耦变压器主要用于较小范围改变电压，用作升压或降压，可以使供电线路的电压不过多下降，如用于电动机的启动补偿器等。自耦变压器是一种单圈式变压器，只有一个绕组，次级接线是从初级绕组抽头而来，初级与次级电路之间除了有磁的联系外，还有直接的电的联系。人体将直接受到初级 220V 电压的威胁，不能起到安全降压作用，所以安全变压器禁止使用自耦变压器。

（二）双绕组型变压器

双圈变压器即双绕组型变压器，采用了一次线圈与二次线圈分别装在两个铁芯柱上。由于采用了这种特殊结构，即使发生高压击穿事故，也只是在一次绕组与铁芯之间形成短路，而不会发生一次绕组与二次绕组之间的直接击穿。双圈变压器的一次线圈和二次线圈相互绝缘没有电的联系，作业人员可免受一次电压的威胁。

安装变压器时，应将变压器的铁芯或线圈隔离层接零（接地），一次及二次侧均装设熔断器（一次侧按变压器额定容量，二次侧按实际负荷），并使用橡胶绝缘软电缆连接，一次侧电源线长度不超过 2m。应将变压器装设于电箱内，防雨和防碰撞。

第二节 手持式电动工具

国家标准《手持式电动工具的管理、使用、检查维修安全技术规程》（GB/T3787）中，对手持式电动工具作出了全面规定，其主要内容如下：

一、分类

（一）作业场所

由于使用的场所不同，危险程度及使用工具的要求也不同。从触电的危险程度考虑，其作业条件可分为三种：

1. 一般场所

比较干燥的场所（干燥木地板、塑料地板、相对湿度＜75％）；气温不高于30℃，无导电粉尘。

2. 危险场所

比较潮湿的场所（露天作业、相对湿度长期在75％以上）；气温高于30℃，有导电灰尘，可导电的地板（混凝土、潮湿泥土）。

3. 高度危险场所

特别潮湿的场所（相对湿度接近100％、蒸气潮湿环境），在锅炉、金属容器、管道内等作业场所；良好导电地板（金属构架作业），高温和导电粉尘场所。

（二）分类

为适应不同的作业场所，按照防触电保护的要求，手持电动工具分为Ⅰ、Ⅱ、Ⅲ类工具。

1. Ⅰ类工具

Ⅰ类工具为金属外壳，使用时应将外壳进行接地（接零），并在电源负荷线的首端处（开关箱内）装设漏电保护器（30mA×

0.1s），工具内部有绝缘措施（基本绝缘），防止带电体与金属外壳接触。

Ⅰ类工具本身只有基本绝缘措施，所以保护程度差，只适用于比较干燥场所，操作人员应穿戴绝缘防护用品，防止保护措施一旦失效，尚有个人的补充保护。由于Ⅰ类工具本身保护的可靠度差，目前一些国家已不再生产此类工具。

2. Ⅱ类工具

一般为绝缘材质外壳，在明显部位有"回"标志符号，以示双重绝缘。该类工具在防止人身触电的方式时采用了双重绝缘或加强绝缘结构，即除工具的带电体（电源开关、电源线）自身绝缘（基本绝缘）外，工具的外壳、把手等可触及的部分也是绝缘的。当基本绝缘损坏时，操作者仍能与带电体隔离得到保护。

Ⅱ类工具保护程度较Ⅰ类可靠。由于工具外壳已绝缘，不再采用保护接地或接零措施，操作人员也可不用穿戴绝缘用品。在一般场所的作业条件可选用Ⅱ类工具，并应装设漏电保护器（15mA×0.1s）。若采用Ⅰ类工具时，除按Ⅱ类工具要求装设漏电保护器（15mA×0.1s）外，还应将工具外壳接地（接零），作业人员穿戴绝缘用品。在危险场所和高度危险场所作业时，禁止使用Ⅰ类工具。

3. Ⅲ类工具

Ⅲ类工具的防触电保护方式是采用工作电源电压不大于安全电压，且与普通电源通过安全变压器隔离，即使发生漏电，也不会对操作者造成危险。如工具对带电体可不采用基本绝缘（24V以下）。外壳也无须接地（接零）保护，也不要求加装漏电保护器。

二、基本结构

手持式电动工具的结构形式多样，一般由驱动部分、传动部分、控制部分、绝缘和机械防护部分组成。

（一）驱动部分

在工具中，一般是由电动机驱动它的传动机构，例如，手电钻、电剪刀等。另外，电动机还可间接驱动，例如，DYQ-10 型手持电动液压剪，电动机驱动液压泵，液压泵产生液压能，然后，液压流体驱动液压缸，使液压剪正常工作。

许多不同种类的手持式电动工具采用单相串激电动机作为驱动部件。单相串激电动机转速高、体积小、启动转矩大、转速可调，既可以在直流电源上使用，也可以在单相交流电源上使用。单相串激电动机又称通用电动机，或称交直流两用电动机。

（二）传动部分

传动机构是工具的重要组成部分。它的作用是能量传递和运动形式转换。若功能输出属旋转型的，那么传动机构一般只进行变速，若功能输出属非旋转型的，那么，传动机构不仅有变速功能，而且还有运动形式转换功能。

（三）控制部分

工具的控制部分主要包括开关、插头、电缆以及控制装置等。

（四）绝缘和机械防护部分

绝缘部分是工具中的绝缘材料所构成的部件，其中包括基本绝缘和附加绝缘。

机械防护部分是指工具的外壳和机械保护罩等。手持电动工具基本类型见图 4-1。

手枪钻　　　　　冲击钻　　　　　电锤

图 4-1　手持电动工具

三、合理选用

各类工具的触电保护特性不同，在不同的场所应选用不同类型的工具，并配备相应的保护装置以保证使用者的安全。

（一）各类工具的特点

目前，Ⅰ、Ⅱ类工具的电压一般是 220V 或 380V，Ⅲ类工具过去都采用 36V，现"国标"规定为 42V，需要专用变压器，此类工具很少使用。根据国内外情况来看，Ⅱ类工具是发展方向，使用起来安全可靠。略加必要的安全措施又能代替Ⅲ类工具要求，因此发展使用Ⅱ类工具势在必行。

据工具造成的触电死亡事故的统计，几乎都是由Ⅰ类工具引起的。Ⅰ类工具的接地按零虽能抑制危险电压，但它的触电保护还是不完善的，此类工具除依靠工具本身的绝缘强度及接地装置的完整外，还依靠使用场所的接地接零系统来保证，而目前许多工厂企业的接地装置的维护还不够完备，有的接地电阻太大，有的接地不良，有的甚至还没有接地装置。因此，今后在使用Ⅰ类工具时还必须采用其他附加安全保护措施，如漏电保护器、安全隔离变压器等。

Ⅱ类工具比Ⅰ类工具安全可靠，表现为工具本身除基本绝缘外，还有一层独立的附加绝缘，当基本绝缘损坏时，操作者仍能与带电体隔离，不致触电。

Ⅲ类工具（即 42V 以下安全电压工具），由于用安全隔离变压器作为独立电源，在使用时，即使外壳漏电，因流过人体的电流很小，一般不会发生触电事故。

（二）选用规则

1. 在一般场所，为保证使用的安全，应选用Ⅱ类工具，装设漏电保护器、安全隔离变压器等。否则，使用者必须戴绝缘手套，穿绝缘鞋或站在绝缘垫上。

2. 在潮湿的场所或金属构架上等导电性能良好的作业场所，必须使用Ⅱ或Ⅲ类工具。

如果使用Ⅰ类工具，必须装设额定漏电动作电流不大于30mA、动作时间不大于0.1s的漏电保护器。

3. 在狭窄场所如锅炉、金属容器、管道等场合应使用Ⅲ类工具。如果使用Ⅱ类工具，必须装设额定漏电动作电流不大于15mA、动作时间不大于0.1s的漏电保护器。

Ⅲ类工具的安全隔离变压器、Ⅱ类工具的漏电保护器及Ⅱ、Ⅲ类工具的控制箱和电源连接器等必须放在外面，同时应有人在外监护。

4. 在特殊环境如湿热、雨雪以及存在爆炸性或腐蚀性气体的场所，使用的工具必须符合相应防护等级的安全技术要求。

四、使用注意事项

（一）选用类型

手持电动工具的类别不是按用途、功率和外形等进行划分的，而是依据工具对防触电所采用的措施可靠程度不同划分的。在选用时，必须根据工作环境的危险程度选用不同类别的工具和采取相应的保护措施。

（二）检查电源线

1. 使用Ⅰ类工具时，应使用三芯线（单相工具）或四芯线（三相工具），其中一根为绿/黄双色的保护线。

2. 使用Ⅱ、Ⅲ类工具时，电源线不需要保护线，使用时不应随意增加保护，当Ⅱ类工具增加保护线后就破坏了双重绝缘结构，反而降低了安全性能。

3. 工具的电源线不得任意接线或更换。当接长或更换达不到原设计要求性能，或由于过长的电源线被碾压时，容易导致事故。

（三）检查电源、插头和插座

1. Ⅰ类工具必须选用三极（单相）或四级（三相）插头、插座，同时规定其结构应能保证定位插合的正确接触顺序。为此，插头的保护线触头制作的较长，以保证"插合时工具的保护线最先接通；拔出时，保护线最后断开"的顺序；对插座的接地（接零）插孔，应单独用导线与其连接，不得在插座内用导线直接将工作零线与接地（接零）孔连接，防止外壳带电。

2. Ⅱ、Ⅲ类工具的插座和插头，应使用没有接地（接零）孔的插座。

（四）使用各种手持电动工具之前，除应检查相线、工作零线、保护零线（地线）必须安装正确，手柄、外壳无破损，插头、插座完好，开关动作正常以及漏电保护器灵敏外，尚应按照该工具说明书要求操作。

使用手持砂轮机、角向磨光机等必须装设防护罩。操作时，用力平稳不能过猛，防止砂轮片裂开；切割时，砂轮不得倾斜，发现砂轮片有裂纹、损坏应及时更换。

使用冲击钻时，必须将钻头垂直顶住工件再打；在作业面上操作时，应站在稳固的作业平台上，等等。

（五）测量工具的绝缘阻值

1. 工具的绝缘阻值

对工具的检查除以上的要求内容外，还必须测量工具的绝缘阻值。尤其是长期搁置不用的工具，在使用前必须测量绝缘阻值：Ⅰ类工具 2MΩ、Ⅱ类工具 7MΩ、Ⅲ类工具 1MΩ。当绝缘阻值达不到规定时，应采取烘干等措施。

2. 绝缘阻值的测量

绝缘阻值应选用 500V 的兆欧表测量。

摇表一般有三个接线柱：L（相线）、E（接地）、G（保护线）。L 与线路导线连接，E 与被测工具外壳连接，G 与工具保护遮蔽环或其他不需测量的部分连接。一般只用 L 和 E 两个接线柱，只有当工具表面漏电严重，对测量结果影响很大时才使用 G 接线柱。

摇测时，摇表必须放平，手柄由慢到快，待调速器发生滑动后，应保持转速稳定并以 120r/min 的速度摇测 1min，记录数值，在 15s 和 60s 时各记录一数值。

第三节 移动式电气设备

一、蛙式打夯机

(一) 蛙夯机的特点

蛙式打夯机是一种冲击式压实机械，适用于面积小、无法使用大型土方压实机的工作场所，如图 4-2 所示。它利用偏心块旋转产生的离心力，带动夯头夯实地面。其主要由拖盘、传动机构、夯头架、偏心块、操作手柄等部件组成。

图 4-2 夯土机

(二) 使用注意事项

1. 蛙夯机的金属外壳应作接地
(接零) 保护，负荷线的首端处 (开关箱) 应装漏电保护器 (15mA×0.1s)。

2. 蛙夯机的开关控制，不准使用倒顺开关，防止误操作。负荷线应采用橡皮护套铜芯软电缆，长度不大于 50m。使用蛙夯机由两人操作，一人专门负责调整电缆，防止电缆张拉过紧、缠绕、扭结和被打夯机跨越。

3. 蛙夯机的操作扶手必须采取绝缘措施，操作人员应穿绝缘鞋和戴绝缘手套。

4. 不准夯实硬地面，夯实基础时，与墙基距离不小于 20cm，防止夯锤击在墙基上。

5. 多台蛙夯机同时作业时，左右间距不小于 5m，前后间距不小于 10m，同时应防止各台夯机电缆之间交叉、缠绕。

6. 需要转移打夯机时，必须先拉闸切断电源，防止误操作事故。露天作业完毕后，应有防雨设施。

二、磨石机

（一）磨石机的特点

磨石机主要用于水磨石地面作业。水磨石地面工艺，是在地面上浇筑带有小石子的水泥砂浆，抹平后，待水泥浆达到终凝具有一定强度时，使用磨石机再进行磨光而成（图 4-3）。磨石机主要由金刚砂磨石转盘、移动滚轮、电动机、减速箱及操纵杆等部件构成。工作时转盘旋转，另用水管向地面喷水，以减少磨石机磨光过程中温升过高和使磨光质量更好。

图 4-3　磨石机

（二）使用注意事项

1. 磨石机工作场所特别潮湿属危险场所作业，因此特别注意加强管理，防止发生触电事故。

2. 磨石机金属外壳应作接地（接零）保护，负荷线首端处装设漏电保护器（15mA×0.1s）。各台磨石机的开关箱应执行一机一闸，不准用一个开关控制多台磨石机，也不允许共用一个漏电保护器同时保护多台开关或多台设备。正确的做法是，从分支线路安装一台分配电箱，并作重复接地，由分配电箱引出各台磨石机的开关箱（可采用固定式或移动式），每台磨石机有自己的专用开关箱并进行编号与磨石机对应，防止发生误操作。

3. 磨石机的负荷线应采用橡皮护套铜芯软电缆，严禁有破损或接头。使用时，电缆不准拖地和泡在水中，应采用钢索滑线将电缆悬吊。

4. 磨石机扶手应有绝缘措施，操作人员应穿高筒绝缘靴和戴绝缘手套。

5. 磨石机作业的污水应有集中排放处，不准任意流放污染环境。

三、电焊机

（一）电焊机的特点

电焊是利用电能转换为热能对金属进行加热焊接的方法（图4-4）。电弧焊是熔化焊的一种，它是利用电弧热，将沿焊缝间隙运动的焊条前端和工件局部熔化，形成焊缝连接。

图4-4 电焊机

电焊机是电弧的电源，必须满足引弧的要求及电弧稳定地燃烧以及能方便地调节电流大小等特点。

电焊机有直流焊机与交流焊机两种。直流焊机分为旋转式和整流式；交流焊机分为动铁芯式和动线圈式。

（二）安装电焊机的要求

1. 电焊机运到施工现场或在接线之前，应由主管部门验收确认合格。露天放置应稳固并有防雨设施。

2. 每台焊机有专用的开关箱和一机一闸控制，由专业电工负责接线安装。开关控制应采用自动开关，不能使用手动开关（由于电焊机一般容量比较大，而手动开关的通断电源速度慢，灭弧能力差，容易发生弧光和相间短路故障）。

3. 电焊机的一次侧及二次侧都应装设防触电保护装置。

4. 一次侧的电源线长度不应超过 3m。线路与电焊机接线柱连接牢固，接线柱上部应有防护罩，防止意外损伤及触电。

因为一次线与二次线比较，一次线的电压高、危险性大。所以应当控制其长度尽量缩短，焊机靠近开关箱，不使一次线拖地，并加防护套管，防止过长、拖地造成的泡水及钢筋等金属挂、砸事故发生。当特殊情况一次线必须加长时，应架设高度在 2.5m 以上并固定牢。

5. 按照现场安全用电要求，电焊机的外壳应做保护接地或接零。

6. 为了防止高压（一次侧）窜入低压（二次侧）造成危害，交流焊机的二次侧应当接零或接地。

必须注意，二次侧接地或接零时，应将变压器二次线圈与工件相接的一端接地或接零，不允许将二次线圈与焊钳连接的一端接地或接零。否则一旦电焊回路接触不良，焊钳一端的工作电流会通过接地线将其熔断，不但人身安全受到威胁，而且容易引起火灾。

（三）使用电焊机应注意的事项

1. 应由经过培训考核合格的电焊工操作，并按规定穿戴绝缘防护用品。

2. 作业环境

（1）作业前，应认真检查周围及作业面下方的环境，消除危险因素；

（2）当作业与其他人员或有关设施距离过近时，应采用屏护和安全间隔等措施保障作业安全；

（3）当高处进行焊接作业时，应站在安全作业平台上并挂牢安全带；

（4）当作业下方有易燃物等情况时，应设监护人员及灭火器材。

3. 电焊钳

（1）应使用合格的电焊钳。焊钳应能牢固地夹紧焊条，与电缆线连接可靠，这是保持焊钳不异常发热的关键；

（2）焊钳要有良好的绝缘性能，禁止使用自制的简易焊钳。

4. 焊接电缆

（1）焊接电缆应使用橡皮护套铜芯多股软电缆，与电焊机接线柱采用线鼻子连接压实，禁止采用随意缠绕的方法连接，防止因松动、接触不良而引起火花、过热现象。接线柱上方应有牢固的防护罩；

（2）焊接电缆长度一般不超过 30m，且无接头。电缆因电流大，遇接头电阻增大过热，遇易燃物造成火险。接头包扎不合要求易发生触电事故；若电缆过长，会造成电压降过大，影响操作和引起导线过热；

（3）电缆经过通道时，必须采取加护套、穿管等保护措施（应注意不同电压、不同回路的导线不能穿在同一管内）。

（4）严禁使用脚手架、金属栏杆、轨道及其他金属物搭接代替导线使用，防止造成触电事故和因接触不良引起火灾。

5. 不允许超载焊接

（1）电焊机由于超载作业，会引起过热和烧毁焊机或造成火灾；

（2）超载作业过热造成绝缘损坏，可能会引起漏电导致触电事故。

6. 在设备上焊接

（1）在设备上进行焊接前，应先把设备的接地线或接零线拆掉，焊接完毕后再恢复；

（2）在焊接与大地紧密连接的工件（如水道管路、房屋立柱等）上进行电焊时，如果焊件本身接地电阻小于 40Ω，则应将电焊机二次线圈一端的接地（接零）线暂时拆除，焊接完后再恢复。

因为如果焊件再接地或接零，一旦电焊机回路接触不良，大的焊接工作电流可能会通过接地或接零线，从而将地线或零线熔断，容易引发事故。

7. 在进行以下作业时先切断电源

（1）改变焊机接头时；

（2）更换焊件需要改接二次回路时；

（3）转移工作地点时；

（4）焊机需要检修时；

（5）暂停工作或下班时。

（四）电焊机外壳漏电的主要原因

1. 电焊机露天放置没有防雨设施，线圈受雨淋或潮湿，导致绝缘阻值下降或损坏而漏电；

2. 电焊机由于经常超负荷使用或内部短路发热，致使绝缘阻值降低而漏电，电焊机的超负荷是指焊接工作频繁、持续时间过长，超过了焊机铭牌标定的暂载率或采用粗大焊条长时间选用大电流工作，以及二次线短路或是焊条与工件长时间频繁短路的操作，致使电焊机超负荷；

3. 电焊机安装地点不当，使焊机受震动、碰撞，从而使线圈或绝缘造成机械性损伤，由于破损处与铁芯或外壳相连而漏电；

4. 因工作环境混乱，使金属杂物（铁屑、钢筋头等）与导线及焊机外壳或铁芯相连而漏电。

四、潜水泵

目前在建筑工地中普遍使用着各种类型的潜水泵，因为潜水泵是电动机和泵的联合体，故可减少机械损失和水力损失，不需安装即可放入水池中抽水或排水，从而提高了建筑行业的工作效率。

（一）潜水泵的结构与外形

QY 型油浸式潜水泵具有结构紧凑、使用方便、安装简便等优点，因此得到广泛的应用。它由泵盖、叶轮、进水网、电动机、接线盒和电缆线等构成，其外形如图 4-5 所示。潜水泵的电动机通常为三相鼠笼式异步电动机，电动机安装在潜水泵的下端处，里面充满绝缘油，它起着电动机轴承润滑、散热和防腐等作用。

图 4-5　潜水泵

（二）潜水泵使用中的注意事项

1. 在使用潜水泵之前要用 500V 兆欧表对潜水泵电动机的绕组与泵体外壳进行一次绝缘测试，如高于 0.5MΩ 以上方能使用；如低于 0.5MΩ 应打开电动机，进行检修或做烘干处理，加上绝缘油密封后再使用。

2. 使用潜水泵时要把潜水泵直立沉入水中，水深要全部盖着潜水泵，在通电过程中应使潜水泵始终不能露出水面，但也不能使潜水泵陷入较稠的泥草杂物中。

3. 在露出水面检查潜水泵运转情况或空载试方向时，潜水泵运转时间不得超过 1min。

4. 拉运和放入水中时，潜水泵电源线不得磨损、受力或轧伤。

五、插入式混凝土振动器

插入式混凝土振动器——电动式振动棒，广泛应用于建筑物基础、梁、柱、桥墩、沉井、整浇水泥板以及基础浇筑等施工中。

应用电动式振动棒可直接插入混凝土内部，将振动传给混凝土，使之捣实，以增加混凝土与钢筋的结合力，从而保证构件的整体强度。

（一）振动棒的结构与外形

在工程中使用较多的混凝土内部振动器是电动偏心式和电动行星式振动器。图 4-6 所示为电动软轴偏心式振动器外形，它是由电动机增速机构、传动软轴、振动棒等组成。

图 4-6 插入式混凝土振动器

（二）使用振动器的注意事项

1. 使用之前应检查振动器是否受潮生锈，是否泥污太多影响正常工作，必须先清除干净后方能工作。再检查电源线是否接触良好，然后用 500V 兆欧表测其绝缘值，并保证电动机的绝缘电阻大于 0.5MΩ，否则要对电动机进行烘干处理。

2. 振动机械上的电动机及铁壳开关必须接地良好方能通电使用。

3. 接通电源使电动机运转，如果电动机转动而软轴不转，应立即断开电源，并调换电源的任意两相接线，使电动机按要求的方向运转。

六、平板式混凝土振动器

（一）平板式混凝土振动器的原理、型号

平板式混凝土振动器是由一个全封闭式的三相两极电动机和振动器底板所组成。在电动机转子轴两端装有两个偏心块，当电

动机旋转时产生振动，这种平板式
振动器的有效振动深度大约为
25cm，故一般用于浇筑厚 20cm 的
楼板、地面等混凝土施工工程中。
目前广泛使用的平板式混凝土振动
器的型号有 B05、BⅡ等，其外形如

图 4-7　平板式混凝土振动器

图 4-7 所示。由于平板式混凝土振动器电动机功率较小，因此这
种振动器所配用的开关线路也较简单，一般在振动器电动机的引
出线的旁边加装倒顺开关，就可直接控制平板式振动器的工作。

（二）使用平板式混凝土振动器的注意事项

1. 使用振动器之前一定要细心检查导线有无破损，电动机绝
缘情况是否良好，并进行试运转后方能投入工作。

2. 在使用振动器时，电线及配电开关必须放在干燥处以防受
潮漏电。操作时操作人员应戴绝缘手套穿绝缘胶鞋。

3. 在操作时可通过倒顺开关选定电动机运转方向，使振动器
能够向前、向后振动移动。另外搬运时振动器不能在地面上任意
拖拉。

第四节　安全技术要求

一、一般规定

（一）施工现场中电动建筑机械和手持式电动工具的选购、
使用、检查和维修应遵守下列规定：

1. 选购的电动建筑机械、手持式电动工具及其用电安全装置
符合相应的国家现行有关强制性标准的规定，且具有产品合格证
和使用说明书；

2. 建立和执行专人专机负责制，并定期检查和维修保养；

3. 按使用说明书使用、检查、维修。

（二）塔式起重机、外用电梯、滑升模板的金属操作平台及需要设置避雷装置的物料提升机，除应连接 PE 线外，还应做重复接地。设备的金属结构构件之间应保证电气连接。

（三）手持式电动工具中的塑料外壳 II 类工具和一般场所手持式电动工具中的 III 类工具可不连接 PE 线。

（四）电动建筑机械和手持式电动工具的负荷线应按其计算负荷选用无接头的橡皮护套铜芯软电缆，其性能应符合现行国家标准。

电缆芯线数应根据负荷及其控制电器的相数和线数确定：三相四线时，应选用五芯电缆；三相三线时，应选用四芯电缆；当三相用电设备中配置有单相用电器具时，应选用五芯电缆；单相二线时，应选用三芯电缆。

电缆芯线应符合相应规范的规定，其中 PE 线应采用绿/黄双色绝缘导线。

（五）每一台电动建筑机械或手持式电动工具的开关箱内，除应装设过载、短路、漏电保护电器外，还要求装设隔离开关或具有可见分断点的断路器，以及按照规范装设控制装置。正、反向运转控制装置中的控制电器应采用接触器、继电器等自动控制电器，不得采用手动双向转换开关作为控制电器。

二、起重机械

（一）塔式起重机的电气设备应符合现行国家标准《塔式起重机安全规程》GB5144 中的要求。

（二）塔式起重机应做重复接地和防雷接地。轨道式塔式起重机接地装置的设置应符合下列要求：

1. 轨道两端各设一组接地装置；

2. 轨道的接头处做电气连接，两条轨道端部做环形电气连接；

3. 较长轨道每隔不大于 30m 加一组接地装置。

（三）塔式起重机与外电线路的安全距离应符合有关规范要求。

（四）轨道式塔式起重机的电缆不得拖地行走。

（五）需要夜间工作的塔式起重机，应设置正对工作面的投光灯。

（六）塔身高于 30m 的塔式起重机，应在塔顶和臂架端部设红色信号灯。

（七）在强电磁波源附近工作的塔式起重机，操作人员应戴绝缘手套和穿绝缘鞋，并应在吊钩与机体间采取绝缘隔离措施，或在吊钩吊装地面物体时，在吊钩上挂接临时接地装置。

（八）外用电梯梯笼内、外均应安装紧急停止开关。

（九）外用电梯和物料提升机的上、下极限位置应设置限位开关。

（十）外用电梯和物料提升机在每日工作前必须对行程开关、限位开关、紧急停止开关、驱动机构和制动器等进行空载检查，正常后方可使用。检查时必须有防坠落措施。

三、桩工机械

（一）潜水电机的负荷线应采用防水橡皮护套铜芯软电缆，长度不应小于 1.5m，且不得承受外力。

（二）潜水式钻孔机开关箱中的漏电保护器必须符合相应规范对潮湿场所选用漏电保护器的要求。

四、夯土机械

（一）夯土机械开关箱中的漏电保护器必须符合相应规范对

潮湿场所选用漏电保护器的要求。

（二）夯土机械 PE 线的连接点不得少于 2 处。

（三）夯土机械的负荷线应采用耐气候型橡皮护套铜芯软电缆。

（四）使用夯土机械必须按规定穿戴绝缘用品，使用过程应有专人调整电缆，电缆长度不应大于 50m。电缆严禁缠绕、扭结和被夯土机械跨越。

（五）多台夯土机械并列工作时，其间距不得小于 5m；前后工作时，其间距不得小于 10m。

（六）夯土机械的操作扶手必须绝缘。

五、焊接机械

（一）电焊机械应放置在防雨、干燥和通风良好的地方。焊接现场不得有易燃、易爆物品。

（二）交流弧焊机变压器的一次侧电源线长度不应大于 5m，其电源进线处必须设置防护罩。发电机式直流电焊机的换向器应经常检查和维护，应消除可能产生的异常电火花。

（三）电焊机械开关箱中的漏电保护器必须符合相应规范的要求。交流电焊机械应配装防二次侧触电保护器。

（四）电焊机械的二次线应采用防水橡皮护套铜芯软电缆，电缆长度不应大于 30m，不得采用金属构件或结构钢筋代替二次线的地线。

（五）使用电焊机械焊接时必须穿戴防护用品。严禁露天冒雨从事电焊作业。

六、手持式电动工具

（一）一般要求

1. 辨认铭牌，检查工具或设备的性能是否与使用条件相适应。

2. 检查其防护罩、防护盖、手柄防护装置等有无损伤、变形或松动。

3. 检查电源开关是否失灵、是否破损、是否牢固、接线有无松动。

4. 电源线应采用橡皮绝缘软电缆；单相用三芯电缆、三相用四芯电缆。电缆不得有破损或龟裂，中间不得有接头。

5. Ⅰ类设备应有良好的接零或接地措施，且保护导体应与工作零线分开；保护零线（或地线）应采用截面积为 $0.75 \sim 1.5mm^2$ 以上的多股软铜线，且保护零线（地线）最好与相线、工作零线在同护套内。

6. 使用Ⅰ类手持电动工具应配合绝缘用具，并根据用电特征安装漏电保护器或采取电气隔离及其他安全措施。

7. 绝缘电阻合格，带电部分与可触及导体之间的绝缘电阻Ⅰ类设备不低于 $2M\Omega$、Ⅱ类设备不低于 $7M\Omega$。

8. 装设合格的短路保护装置。

9. Ⅱ类和Ⅲ类手持电动工具修理后不得降低原设计确定的安全技术指标。

10. 用毕及时切断电源，并妥善保管。

上述手持电动工具的使用要求对于一般移动式设备也是适用的。

（二）选用原则

1. 空气湿度小于 75% 的一般场所可选用Ⅰ类或Ⅱ类手持式电动工具，其金属外壳与 PE 线的连接点不得少于 2 处；除塑料外壳Ⅱ类工具外，相关开关箱中漏电保护器的额定漏电动作电流不应大于 15mA，额定漏电动作时间不应多于 0.1s，其负荷线插头应具备专用的保护触头。所用插座和插头在结构上应保持一致，避免导电触头和保护触头混用。

2. 在潮湿场所或金属构架上操作时，必须选用Ⅱ类或由安全隔离变压器供电的Ⅲ类手持式电动工具。金属外壳用Ⅱ类手持式电动工具使用时，其开关箱和控制箱应设置在作业场所外面。在潮湿场所或金属构架上严禁使用Ⅰ类手持式电动工具。

3. 狭窄场所必须选用由安全隔离变压器供电的Ⅲ类手持式电动工具，其开关箱和安全隔离变压器均应设置在狭窄场所外面，并连接 PE 线。操作过程中，应有人在外面监护。

4. 手持式电动工具的负荷线应采用耐气候型的橡皮护套铜芯软电缆，并不得有接头。

5. 手持式电动工具的外壳、手柄、插头、开关、负荷线等必须完好无损，使用前必须做绝缘检查和空载检查，在绝缘合格、空载运转正常后方可使用。绝缘电阻不应小于表 4-1 规定的数值。

表 4-1　手持式电动工具绝缘电阻限值

测量部位	绝缘电阻（MΩ）		
	Ⅰ类	Ⅱ类	Ⅲ类
带电零件与外壳之间	2	7	1

注：绝缘电阻用 500V 兆欧表测量。

6. 使用手持式电动工具时，必须按规定穿、戴绝缘防护用品。

七、其他电动建筑机械

1. 混凝土搅拌机、插入式振动器、平板振动器、地面抹光机、水磨石机、钢筋加工机械、木工机械、盾构机械、水泵等设备的漏电保护应符合规范要求。

2. 混凝土搅拌机、插入式振动器、平板振动器、地面抹光机、水磨石机、钢筋加工机械、木工机械、盾构机械的负荷线必须采用耐气候型橡皮护套铜芯软电缆，并不得有任何破损和接头。

水泵的负荷线必须采用防水橡皮护套铜芯软电缆，严禁有任何破损和接头，并不得承受任何外力。盾构机械的负荷线必须固定牢固，距地高度不得小于 2.5m。

3. 对混凝土搅拌机、钢筋加工机械、木工机械、盾构机械等设备进行清理、检查、维修时，必须首先将其开关箱分闸断电，呈现可见电源分断点，并关门上锁。

第五章　临时用电专项施工方案

第一节　施工组织设计编制要求

　　按照《施工现场临时用电安全技术规范》JGJ46 的规定，临时用电设备在 5 台及 5 台以上或设备总容量在 50kW 及 50kW 以上者，应编制临时用电施工组织设计，临时用电设备在 5 台以下和设备总容量在 50kW 以下者，应制订安全用电技术措施及电气防火措施。其目的是使临时用电工程的安装和使用合理和遵循科学，从而保障运行和使用的安全性及可靠性。

　　（一）施工现场临时用电组织设计的主要内容

　　1. 现场勘测。

　　2. 确定电源进线、变电所或配电室、配电装置、用电设备位置及线路走向。

　　3. 进行负荷计算。

　　4. 选择变压器。

　　5. 设计配电系统：

　　（1）设计配电线路，选择导线或电缆。

　　（2）设计配电装置，选择电器。

　　（3）设计接地装置。

　　（4）绘制临时用电工程图纸，主要包括用电工程总平面图、配电装置布置图、配电系统接线图、接地装置设计图。

6. 设计防雷装置。

7. 确定防护措施。

8. 制订安全用电措施和电气防火措施。

（二）临时用电工程图纸应单独绘制，临时用电工程应按图施工。

（三）临时用电组织设计及变更时，必须履行"编制、审核、批准"的程序，由电气工程技术人员组织编制，经相关部门审核及具有法人资格企业的技术负责人批准后实施。变更用电组织设计时应补充有关图纸资料。

（四）临时用电工程必须经编制、审核、批准部门和使用单位共同验收，合格后方可投入使用。

（五）临时用电施工组织设计审批手续

1. 施工现场临时用电施工组织设计必须由施工单位的电气工程技术人员编制，技术负责人审核。封面上要注明工程名称、施工单位、编制人并加盖单位公章。

2. 施工单位所编制的施工组织设计，必须符合《施工现场临时用电安全技术规范》JGJ46—2005 中的有关规定。

3. 临时用电施工组织设计必须在开工前 15 天内报上级主管部门审核，批准后方可进行临时用电施工。施工时要严格执行审核后的施工组织设计，按图施工。当需要变更施工组织设计时，应补充有关图纸资料，同样需要上报主管部门批准，待批准后，按照修改前、后的临时用电施工组织设计对照施工。

第二节　施工组织设计编制要点

依据建筑施工用电组织设计的主要安全技术条件和安全技术原则，一个完整的建筑施工用电组织设计应包括现场勘测、负荷计算、变电所设计、配电线路设计、配电装置设计、接地设计、防雷设计、安全用电与电气防火措施、施工用电工程设计施工图等，内容很多，且各项编写要点不同。

(一) 施工现场勘测

进行现场勘测是为了编制临时用电施工组织设计而进行第一个步骤的调查研究工作。现场的勘测也可以和建筑施工组织设计的现场勘测工作同时进行或直接借用其勘测的资料。现场勘测工作包括调查、测绘施工现场的地形、地貌、地质结构、正式工程位置、电源位置、地上与地下管线和沟道位置以及周围环境、用电设备等。通过现场勘测可确定电源进线、变电所、配电室、总配电箱、分配电箱、固定开关箱、物料和器具堆放位置以及办公、加工与生活设施、消防器材位置和线路走向等。

现场勘测时最主要的就是既要符合供电的基本要求，又要注意到临时性的特点。结合建筑施工组织设计中所确定的用电设备、机械的布置情况和照明供电等总容量，合理调整用电设备的现场平面及立面的配电线路；调查施工地区的气象情况、土壤的电阻率多少和土壤的土质是否具有腐蚀性等。

(二) 负荷计算

对现场用电设备的总用电负荷计算的目的，对低压用户来说，可以依照总用电负荷来选择总开关、主干线的规格。通过对分路电流的计算，确定分路导线的型号、规格和分配电箱的设置的个数。总之负荷计算要和变、配电室，总、分配电箱及配电线路、接地装置的设计结合起来进行计算。

负荷计算时要注意以下几点：

1. 各用电设备不可能同时运行。

2. 各用电设备不可能同时满载运行。

3. 性质不同的用电设备，其运行特征各不相同。

4. 各用电设备运行时都伴随着功率损耗。

5. 用电设备的供电线路在输送功率时伴随着线路功率损耗。

（三）配电装置设计

配电装置设计主要是选择和确定配电装置（配电柜、总配电箱、分配电箱、开关箱）的结构、电器配置、电器规格、电气接线方式和电气保护措施等。

确定变配电室位置时应考虑变压器与其他电气设备的安装、拆卸的搬运通道问题。进线与出线方便无障碍。尽量远离施工现场振动场所，周围无爆炸、易燃物品、腐蚀性气体的场所。地势选择不要设在低洼区和可能积水处。

总配电箱、分配电箱在设置时要靠近电源的地方，分配电箱应设置在用电设备或负荷相对集中的地方。分配电箱与开关箱距离不应超过 30m。开关箱应装设在用电设备附近便于操作处，与所操作使用的用电设备水平距离不宜大于 3m。总分配电箱的设置地方，应考虑有两人同时操作的空间和通道，周围不得堆放任何妨碍操作、维修及易燃、易爆的物品，不得有杂草和灌木丛。

（四）变电所设计

变电所设计主要是选择和确定变电所的位置、变压器容量、相关配电室位置与配电装置布置、防护措施、接地措施、进线与出线方式以及与自备电源（发电机组）的联络方法等。变电所的选址应考虑以下问题：

1. 接近用电负荷中心。

2. 不被不同现场施工触及。

3. 进、出线方便。

4. 运输方便。

5. 其他，如多尘、地势低洼、振动、易燃易爆、高温等场所不宜设置。

（五）接地设计

接地设计主要是选择和确定接地类别、接地位置以及根据对接地电阻值的要求选择自然接地体或设计人工接地体（计算确定接地体结构、材料、制作工艺和敷设要求等）。

（六）配电线路设计

配电线路设计主要是选择和确定线路走向、配线种类（绝缘线或电缆）、敷设方式（架空或埋地）、线路排列、导线或电缆规格以及周围防护措施等。

线路走向设计时，应根据现场设备的布置、施工现场车辆、人员的流动、物料的堆放以及地下情况确定线路的走向与敷设方法。一般线路设计应尽量考虑架设在道路的一侧，不妨碍现场道路通畅和其他施工机械的运行、装拆与运输。同时又要考虑与建筑物和构筑物、起重机械、构架保持一定的安全距离和怎样防护问题。采用地下埋设电缆的方式，应考虑地下情况，同时做好过路及进入地下和从地下引出处等处的安全防护。

配电线路必须按照三级配电两级保护进行设计，同时因为是临时性布线，设计时应考虑架设迅速和便于拆除，线路走向尽量短捷。

（七）安全用电与电气防火措施

安全用电措施包括施工现场各类作业人员相关的安全用电知识教育和培训，可靠的外电线路防护，完备的接地接零保护系统和漏电保护系统，配电装置合理的电器配置、装设和操作以及定期检查维修，配电线路的规范化敷设等。

电气防火措施包括针对电气火灾的电气防火教育，依据负荷性质、种类大小合理选择导线和开关电器，电气设备与易燃、易爆物的安全隔离以及配备灭火器材、建立防火制度和防火队伍等。

（八）防雷设计

防雷设计主要是依据施工现场地域位置和其邻近设施防雷装

置设置情况确定施工现场防直击雷装置的设置位置，包括避雷针、防雷引下线、防雷接地确定。在设有专用变电所的施工现场内，除应确定设置避雷针防直击雷外，还应确定设置摊雷器，以防感应雷电波侵入变电所内。

（九）建筑施工用电工程设计施工图

施工用电工程设计施工图主要包括用电工程总平面图、交配电装置布置图、配电系统接线图、接地装置设计图等。

第六章　配电装置

配电箱是施工现场配电系统中电源与用电设备之间供配电的中枢环节，是专门用作分配电力的电气装置。而开关箱则是配电系统的末端环节，它上接电源线路，下接用电设备，是接触人员最广泛、操作最频繁的直接控制装置。它们的设置和运用对施工现场总体用电安全和局部用电安全都有重要的影响。

第一节　配电箱的设置

一、配电箱、开关箱的制作

（一）电箱可选用阻燃绝缘材料和冷轧钢板制作，钢板厚度应为 1.2～2.0mm，其中开关箱箱体钢板厚度不得小于 1.2mm，配电箱箱体钢板厚度不得小于 1.5mm，箱体表面应作防腐处理。

（二）配电箱、开关箱内的电气装置，应先安装在金属或非木质阻燃绝缘电器安装板上，然后可整体紧固在配电箱、开关箱箱体内。

（三）由于木材的机械强度低，易腐蚀，受潮后绝缘性能下降以及不防火等缺陷，所以不得选用木材制作箱体及电器安装板。

（四）电箱宜制成双层门，内层门留有电器开关窗孔和插座窗孔，关闭后不影响电箱的正常使用，内层门加锁，钥匙由专业电工掌握；外层门为密封门，由设备使用人掌握，打开外层门可以接通和切断电源。电器发生故障和需要通过电箱接装电器时，必须由专业电工打开内层门操作。

（五）为防止杂质和雨水的侵入，电箱的导线进、出线口应设在箱体的下底面，不准设在箱体的上顶面、侧面和后面。导线的进出口处应加强绝缘。不与金属边口接触，并设有固定卡子，不使导线承受自重以外的拉力。

（六）箱内工作零线与保护零线分别设置连接端子板，工作零线端子板应与金属箱体及保护零线端子板绝缘。端子板上设数个导线接端子，每个连接点只准通过一根导线连接，不得多根导线连接在一个连接点上，防止松动失去作用。

（七）电箱内的连接导线必须绝缘良好，接头不松动（接头松动容易过热和产生火花），没有外露导电部分，保证维修和使用安全。

（八）电箱内所有电器金属部件均应作保护接零，以确保电箱可接触部位均保持为零电位。

（九）电箱应坚固密封，防雨防尘。箱门、金属板应与箱体作电气连接。保护零线必须使用绝缘多股铜线。

（十）配电箱、开关箱的箱体尺寸应与箱内电器的数量和尺寸适应，严禁将闸具固定在箱体的下、侧面。箱内电器安装板板面电器安装尺寸可按照表 6-1 确定。

表 6-1　配电箱、开关箱内电器安装尺寸选择值

间距名称	最小净距（mm）	
并列电器（含单极熔断器）间	30	
电器进、出线瓷管（塑胶管）孔与电器边沿间	15A	30
	20～30A	50
	60A 及以上	80
上、下排电器进出线瓷管（塑胶管）孔间	25	
电器进、出线瓷管（塑胶管）孔至板边	40	
电器至板边	40	

二、配电箱、开关箱的设置

（一）施工现场临时用电的配电系统应设置配电柜或总配电箱、分配电箱、开关箱，实行三级配电。并在配电系统的末级开关箱、分配电箱或总配电箱内分别加装漏电保护器，总体上形成两级保护（图 6-1）。

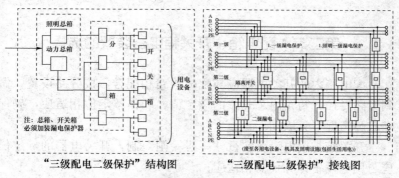

图 6-1　"三级配电、两级保护"结构接线图

（二）动力配电箱与照明配电箱应分别设置。如合置在同一配电箱内，动力和照明线路应分路设置。

（三）总配电箱应设在靠近电源的区域，分配电箱应设在用电设备或负荷相对集中的区域，分配电箱与开关箱的距离不得超过 30m，开关箱与其控制的固定式用电设备的水平距离不宜超过 3m。

（四）每台用电设备必须有各自专用的开关箱，严格执行"一机一闸一漏一箱"的规定，严禁用同一个开关箱直接控制 2 台及 2 台以上用电设备（含插座），即一闸或一箱多用现象。

（五）配电箱、开关箱应装设端正、牢固。固定式配电箱、开关箱的中心点与地面的垂直距离应为 1.4～1.6m。移动式配电箱、开关箱应装设在坚固、稳定的支架上。其中心点与地面的垂直距离宜为 0.8～1.6m。

（六）配电箱应装设在干燥、通风及常温场所，其周围应有足够 2 人同时工作的空间和通道，不得堆放任何妨碍操作、维修的物品。其不得装设在有严重损伤作用的瓦斯、烟气、潮气及其他有害介质中，亦不得装设在易受外来固体物撞击、强烈振动、液体浸溅及热源烘烤场所。

（七）配电箱、开关箱外形结构应能防雨、防尘。

第二节　配电箱、开关箱电器装置的选择

配电箱内的开关电器应与配电线路相配合，按分路设置，做到专路专控，与箱内总开关的额定值、动作整定值相适应，确保在故障情况下分级动作；

开关箱与用电设备实行"一机一闸"制，开关电器的额定值应与用电设备计算负荷相适应；

手动开关只允许用于直接控制 3kW 以下的动力电路及照明电路。由于手动开关的通、断速度慢，容易产生拉弧，又无可靠的灭弧装置，容易造成伤人或电器故障，所以大于 3kW 以上的动力电路应采用自动开关或接触器进行控制；

进入配电箱、开关箱的电源线必须作固定连接，严禁通过插销作活动连接，防止因松动、脱落造成事故。

一、刀开关

刀开关或称闸刀开关，用来接通或断开电路，属于手动开关，不允许用于控制 3kW 以上的动力电路。

刀开关由刀片和夹座组成，一般没有灭弧装置。电弧的熄灭主要是靠拉闸时，将电弧拉长促使熄灭，所以拉闸时要迅速，使电弧容易熄灭。

选用注意事项：

（一）选择刀开关时应注意额定电压和额定电流。开关的额定电压必须等于或大于线路额定电压，开关的额定电流不应小于所控制电机额定电流的三倍。例如：15A/3 级，可控制 2.2kW；30A/3 级，可控制 4kW；60A/3 级，可控制 5.5kW。

（二）采用旧型胶盖闸时，由于胶盖内空间小，不能将熔丝分别密封，当熔丝断路时，熔丝间容易形成较大弧光。为避免事故，应将熔丝部分改用导线短接。可在胶盖闸的外部电源侧加装一组熔断器，处于闸刀上方，保证了在熔体熔断热流上升时，拉合闸操作的安全。

（三）安装刀开关时手柄应向上，不准倒装与平装。因为闸刀在切断电源时，刀片与夹座之间会产生电弧，电弧受电磁力和热空气上升而拉长熄灭。如果倒装或平装，热空气的拉弧作用正好相反，形成阻止拉弧，影响灭弧效果，导致刀片与夹座烧毁和短路。

（四）电源进线连接在刀闸上方（电源侧），引到电动机的导线接在刀开关保险丝的下面，这样在拉闸后刀片及保险丝上没有电压，保证检修安全。

（五）操作时要在偏开的位置不要正对，防止意外弧光短路伤人。拉合闸动作必须果断迅速，使电弧尽快熄灭。同时注意安装高度，便于操作。

（六）注意做好检修维修工作，发现胶盖破损、螺钉缺少及时修换。注意拉合闸时各相动作时间一致，发现过热、变形等接触不良时应立即调整。

目前，HK 系列的部分刀开关在施工现场已经禁止使用。

二、隔离开关

隔离开关的主要用途，是在检修中保证电气设备与其他正在运行的电气设备实行电源隔离，并给工作人员有可以看见的在空气中有一定间隔的断路点，保证检修工作的安全。

（一）特点

1. 具有明显可见的断开点，易于鉴别电器是否与电网断开；

2. 断开点之间有可靠的绝缘（或距离），即使在过电压的情况下，也不致从断开点击穿而危及人身安全。

3. 隔离开关在运行中有足够的热稳定性和动稳定性，受到了短路电流的热效应和电动力的作用时，不会自动断开，能可靠地通过正常工作电流和短路故障电流。

4. 结构简单，动作可靠。

（二）选用

1. 应选用组合开关（刀型转换开关），它结构紧密体积小，将熔断器和刀闸组合在一起，没有外露的闸刀防止乱接乱挂。也可选用闸刀开关作为电源隔离开关。

2. 不能用自动（空气）开关代替隔离开关。因为自动开关是一种断路器，是用于电路发生过载、欠压、短路等故障情况下能自动切断电路，也用于不频繁启动电动机或接通、分断电路，是重要的保护电器，但不能替代隔离开关。因为自动开关没有明显可见的断口；手柄开、关位置有时也不明确（如过电流分断后）；断开点之间距离小，难以保证可靠的绝缘；触点有时发生黏合现象（例如拉闸后，内部只切断两相，尚有一相没有完全断开）等，因此单独使用自动开关难以可靠地隔离电源。

3. 隔离开关作为电源引入控制开关，一般装在电箱左上角，与周围电器留有足够的安全间隙，这样一方面便于隔离开关操作，另一方面当隔离开关发生操作故障时，不会立即危及其他电器。隔离开关应垂直安装，保证刀闸上、下动作可靠，将电源进线接到不连刀片的固定触头，使刀片在拉闸以后不带电。

4. 由于隔离开关一般没有灭弧装置，所以不准带负荷拉、合闸，否则触头间形成的电弧不仅会烧毁隔离开关和其他邻近的电气设备，而且也可能引起相间或对地闪络，造成严重事故。因此必须在负荷开关切断后，才能拉断隔离开关，同样，只有先合上隔离开关后，再合负荷开关。

5. 隔离开关属于手动开关，当动力线路小于 5.5kW 时，允许用开关箱内的隔离开关作接通和切断电源控制。

三、熔断器

（一）作用

熔断器的种类较多，结构及灭弧原理也有所不同，但它们所起作用却是相同的。它串联在电路里，是电路中受热最薄弱的环节，当电流超过额定电流时它首先熔断，使电路及电气设备不因过载或短路而遭受损害，所以也称为保险器。熔断器用来承担电动机过载和短路保护。

熔断器的主要部件是熔体（熔丝或熔片），电流直接通过熔体，过载或短路时，熔体迅速发热，当温度达到熔体的熔点时即被熔断。电流越大，熔断也就越快，熔断器所能承受最大切断电流，叫熔断的断流能力，如果电流大于这个数值，熔断时的电弧便不能熄灭，可能引起爆炸等事故。

（二）种类

1. 瓷插式。

是瓷质绝缘的插入式熔断器，分上插盖和下插座两部分，熔丝安装在插盖上。插座中有一定空腔，与上盖的凸出部分构成灭弧室。

2. 螺旋式。

这种熔断器可用来保护照明设备和容量不大的电动机，主要由瓷帽、熔断管、瓷套及底座四部分组成。熔断管内装有一组熔丝和石英砂填料，熔断管上盖装有一熔断指示器，当熔丝熔断时，指示器跳出，通过瓷帽上观察孔可见。

3. 密封管式。

熔断管是用有机纤维材料制成，管两端有黄铜圈并用黄铜帽封闭。管的两端有接触刀，以便插入固定的簧片刀座内，线路的导线接在刀座上。熔片装在熔断管中，两端接在接触刀上。这种密封熔断器由于管中没有其他填充物，所以称为密封式无填料熔断器。管中熔体为银质窄截面或网状形式，当电流增大时，截面小的部分因电阻大首先熔断，熔断处因面积小，产生的金属蒸气也就少，有利于电弧熄灭。当熔片熔断时，由于电弧高温作用，熔断管便产生大量气体，使管内压力增加，电弧在压力作用下而熄灭。这种熔断器断流能力高，保护特性好，更换方便，但价格较高。

（三）选择

主要是选择熔断器的形式、额定电压、额定电流。

熔体的额定电流必须小于或等于熔断器的额定电流。

（1）单台直接启动电动机的熔丝

电动机启动电流，大约等于额定电流的 4～7 倍。如果熔体额定电流太小，则无法启动，若熔体额定电流过大，启动时熔体虽然不会熔断，当发生短路时，可能在熔体熔断之前，电动机已烧毁。可根据启动频繁程度和容量，熔丝一般取额定电流的 1.5～2.5 倍。

（2）多台电动机合用的熔体

如果线路中装有几台电动机，有一总熔体保护，可用下式计算熔体电流：

$I_{熔} \geqslant$ （1.5～2.5）×容量最大电动机的额定电流＋其余电动机额定电流之和。

例：某一分支干线有 3 台电动机，，其中 2 台 7kW（额定电流 14.5A），1 台 10kW（额定电流为 21.5A）。求总熔丝该多大？

其中 10kW，额定电流 21.5A，可按 2 倍计算（2×21.5A），

再加其余两台电机额定电流之和（14.5＋14.5）。

总熔丝额定电流≥2×21.5＋29＝72A。

（3）低压电容器用的熔体

熔体的额定电流不应超过电容器额定电流的 1.3 倍。

（4）电灯支路，因为负载平稳，没有尖峰冲击电流，熔体额定电流应大于或等于各灯额定电流之和。

（5）电灯总熔体的额定电流不应大于单相电度表的额定电流，但应大于全部电灯的工作电流。

例：一 220V 照明支路，共有 40W 灯泡 50 个，熔丝如何选？

每一只灯的工作电流＝40/220

总工作电流＝50×40/220＝9.1A（可选 16 号铅锡合金熔丝，额定电流 11A）

（6）电焊机线路用的熔体

$$I_{熔}=K\times \sum \frac{S\sqrt{J_C}}{U}\times 10^3$$

式中 S——电焊机容量（KVA）。

J_C——电焊机暂载率（一般为 65％）。

U——电焊机额定电压（V）。

K——决定于回路数的系数。单台焊机 $K=1.2$。2～3 台单相并列焊机 $K=1.0$。3 台以上单相并列焊机 $K=0.65$。

（四）使用

1. 安装熔丝时，熔丝两头应按顺时针方向沿螺钉弯过来，当螺钉拧紧时，就会越拧越紧，不会被挤出来，保证接触良好。

2. 熔体松动、接触不良、电阻增大，造成高温可将熔体烧断。但不能用力过大而使断面变形，或局部碰伤减弱断面造成电阻增大致使局部发热提前熔断。

3. 禁止采用几根保险丝合股使用。更不准用其他金属丝代替保险丝。一般保险丝是用低熔点合金丝制成，同时，保险丝是经过技术鉴定而符合规定的熔断电流标准，而其他金属丝没有经过技术鉴定，当发生故障时，保险装置将失去保护作用。

4. 安装螺旋形熔断器时，电源侧导线应接在熔断器的底座中心，负荷侧导线应接在熔断器的螺纹上。

5. 发现熔体被烧断，说明电动机或其他电气有问题，应先找出原因予以排除后再更换熔体。

6. 更换熔体时，一定要切断电源，不准带电工作，也不准带电拔出熔断器，更不准带负荷拔出。因为熔断器的触刀和夹座不能用来切断电流，拔出过程的电弧不能熄灭而造成事故。

四、自动开关

自动空气断路器简称空气开关或自动开关，是一种自动切断线路故障用的保护电器，可用在电动机主电路上作为短路、过载、欠压保护。

它由触头、灭弧装置、保护系统及传动机构组成，有欠电压脱扣器和过电流脱扣器，过电流脱扣器一般作为短路保护，当电流达到某一数值时，它可立即动作，不像热继电器那样，需要经过一定时间加热后慢慢弯曲才动作。自动开关除有短路、欠压保护外，还装有热继电器作过载保护，当电动机发生过载时，由于双金属片弯曲，使触头分断起过载保护作用。

（一）种类

自动开关分为装置式自动开关和万能式自动开关。

1. 装置式自动开关（DZ型）

其常用的 DZ1 型，主要用于交流电压 500V、额定电流至 600A 的低压电路中，作为电动机的全压启动和过载、短路保护。

DZ4 型应用于交流 380V 的电路中，作为过载和短路保护以及不频繁接通和断开电源，适用于 10kW 以下电动机的控制。开关全部装在塑料盒内，盒盖上仅露出两只按钮，上面刻有"分"、

"合"字样。开关中没有调节装置，使用前应把指针调整到电动机额定电流标度上。

2. 万能式自动开关（DW 型）

万能式自动开关可用于低压主进线的总开关，与中型电动机的启动及其他自动保护的系统中，能够在电路中发生过载、短路、失压或电压降低等时自动切断电源，用于 380V 的交流电气装置中不作频繁操作。

（二）选用

1. 自动开关安装在不受振动的地方，防止振动引起开关内部件松动和误操作。安装应基本保持垂直，灭弧室位于上方。

2. 操作时应注意手柄的分合，保证操作的正确性。当开关由于脱扣器动作分断后，重新闭合时，必须先把手柄搬向"分"的一边，使操作机构复位后，再推向"合"的一边。

3. 自动开关的额定电压不低于线路的额定电压。额定电流（包括脱扣器额定电流）应不小于电气线路的计算电流。

4. 脱扣器整定电流应不小于电气线路最大瞬时工作电流，并满足：

$$K_{脱} \geqslant KI_{瞬}$$

式中　K——可靠系数。单台电动机，DW 型 $K=1.35$；DZ 型 $K=1.7$；配电干线，$K=1.3$。

自动开关欠压脱扣器的额定电压应等于电气线路的额定电压。

五、交流接触器与电磁开关

（一）交流接触器

交流接触器是用于按钮或继电器控制下，接通或断开带有负荷的主电路的控制电器，实际上就是一个远距离电动操作的开关。它由触头、灭弧装置、电磁机构等部件组成，按钮可装在任何方便操作的地方，通过电磁机构的动作来闭合或分断触头。

电磁机构主要由线圈、动、静铁芯组成。利用线圈通电、断电，使电磁铁吸合、释放，带动可动触头与静触头闭合、分开。以接通和切断主电路和控制电路。

交流接触器是利用电磁铁带动动触头与静触头闭合、分离，实现接通和切断电路的。其主要用于各种电力传动系统，用来频繁接通和断开带有负荷的主电路或大容量的控制电路，便于实现远距离自动控制。

交流接触器型号不同，适用的场合也不同。如 CJ10-20 型号，其含义如下：

C：接触器；

J：交流；

10：设计序号；

20：主触头额定工作电流值。

CJl0-20 型交流接触器主触头长期允许通过的电流为 20A，辅助触头通过的电流为 5A。

（二）电磁开关

电磁开关也称磁力启动器，主要由交流接触器及热继电器两部分组成。交流接触器作为闭合和分断电动机主电路用，而热继电器作为电动机的过载保护用，当电动机过载时，能切断电源保护电机免受损害。

（三）选择与安装

1. 选择交流接触器和电磁开关的额定电流时，根据电动机的额定电流选择，不用考虑启动电流，因为在设计时已作考虑，允许通断 7 倍的额定电流。

2. 选择电压时，应注意交流接触器和电磁开关都有两种额定电压：一是主触头上的电压，这是根据电动机的额定电压来选择的；另一种是电磁开关吸引线圈的额定电压，有 36V、220V、380V 等。必须注意其铭牌的额定电压，是指主触头上的额定电压，而不是吸引线圈的额定电压。

3. 安装启动器时，应先检查各部件及吸引线圈各导电部分的绝缘电阻是否满足每 1V 电压不小于 1kΩ。

4. 交流接触器、电磁开关可安装在墙上或固定支架上，灭弧室在上，衔铁在下，垂直安装，倾斜不大于 5 度。如果倾斜度过大，启动器可能不会吸合，或吸合后不能分离，则运行的设备不能停止造成事故。

5. 安装处不得有振动。由于启动器分断时产生飞溅电火花，所以开启式磁力启动器的灭弧室应距其他导体 20～50mm。

第三节　漏电保护器

（一）漏电保护器的作用

1. 漏电保护器

漏电电流动作保护器，简称漏电保护器，也叫漏电保护开关，是一种高灵敏度的电气安全装置，主要用于当用电设备（或线路）发生漏电故障并达到限值时，能够自动断开电路或发出报警信号。它是一种主要用作漏电保护的电器，用作对人体有致命危险的触电进行保护。它的主要功能是提供间接接触保护，在一定条件下，也可以用作直接接触的补充保护。漏电保护装置的作用主要是防止漏电引起的触电事故和防止单相触电事故；其次是防止由漏电引起火灾事故或监视或切除一相接地故障。

当漏电保护装置与自动开关组装在一起时，使这种新型的电源开关具备短路保护、过载保护、漏电保护和欠压保护的效能。此种电器装置称为漏电断路器，目前已被广泛采用。

2. 采用 TN-S 后为什么还要装设漏电保护器

TN-S 系统，即具有专用保护零线的保护接零系统。其优点是专用保护零线在正常工作时不通过工作电流，只有当电气设备绝缘损坏时通过故障电流。因此，正常情况下的三相不平衡电流不会使保护零线产生对地电压；在工作零线和专用保护零线分离点以后，即使工作零线断线，电气设备的金属外壳对地也不会存在相电压。由此可见，采用 TN-S 系统要比 TN-C 系统优越。但是，无论 TN-S 还是 TN-C 系统，都存在接地短路保护的灵敏度有限的问题（保护范围不能满足使用安全要求）。

第一，接零保护实质上是将用电设备的碰壳故障改变成单相短路故障，从而获得较大的短路电流，使熔断器或自动开关快速断开，保障设备和人身安全。但是这种短路电流并非无限大，而是有一定数值的，所以能够保护设备及电路的容量也是有一定限度的。

第二，在施工现场经常发生的并不都是碰壳故障，而是配电线路较长、线截面小、线路绝缘老化、设备受潮以及设备容量大等造成的漏电，这些漏电电流值往往很小，有时是以毫安（mA）计量（1000mA＝1A），所以很难切断保险，故起不到保护作用。但这种漏电电流可以导致人身触电事故的发生，尤其在使用手持电动工具时更是危险。

为了提高用电的安全性，不能只依靠个人穿戴绝缘保护用品，即不穿戴绝缘防护用品的情况下发生的某些漏电故障，也不会导致触电事故。所以在采用了 TN-S 系统后，还要装设漏电保护器以进行补充保护。

（二）漏电保护器的工作原理

1. 基本结构

漏电保护器有电流动作型和电压动作型，由于电压动作型漏电保护器性能不够稳定，已很少使用。

电流动作型漏电保护器的基本结构组成主要包括三个部分：检测元件、中间环节、执行机构。其中检测元件为一零序互感器，用以检测漏电电流，并发出信号；中间环节包括比较器、放大器，用以交换和比较信号；执行机构为一带有脱扣机构的主开关，由中间环节发出指令动作，用以切断电源。

2. 工作原理

（1）互感现象

漏电保护器的工作原理主要是利用了磁场的互感原理制作的。如甲、乙两个闭合的线圈，甲线圈与电源相连接，乙线圈接装电流表，当甲线圈中的开关闭合或打开时，就可以看到乙线圈电路中接装的电流表指针也发生偏移，说明乙线圈产生了感应电流。这种现象的产生是因为甲线圈的开关在闭合和打开时，甲线圈因电流通过导体所产生的变化的磁力线，穿过了线圈乙，在乙线圈中发生感应，从而乙线圈也产生了磁场，而这个磁场反过来又影响了甲线圈（导体周围磁场发生变化时，导体会产生感应电动势——磁场能产生电），这种两个线圈互相影响、互相感应的现象就叫互感现象。甲线圈的电流是通过电源供给的，这个线圈就叫原线圈（或叫初级线圈），乙线圈电流是由互感电势产生的，这个线圈叫副线圈（或叫次级线圈）。变压器就是根据这一原理制成的。

（2）检测原件——零序互感器

漏电保护器中零序互感器为一环形铁芯，铁芯上的原线圈就是电源线路，穿过环形铁芯接通负载；铁芯上的副线圈与脱扣开关相连，当副线圈产生感应电流并达到规定数值时，开关动作断开电源，这实际上就组成了一个互感器。

当原线圈中电流由电源经过互感器到负载，又从负载绕组经过互感器回到电源，形成回路。这时在互感器中的电流矢量之和为零（电流是有方向的量即矢量，从电源到负载为正电荷，从负载回到电源为负电荷，正电荷与负电荷大小相等，方向相反）。则副线圈不产生感应电流，所以开关也不动作，设备正常运行。

（3）漏电保护功能

当负载发生碰壳有人接触时（或设备漏电出现零序电流时），则电源电流经过互感器到负载后，在漏电处产生了分流（漏电电流），这部分电流不再经互感器回到电源，而是经人体到大地（或经保护零线）返回电源，此时流经互感器的电流矢量之和不再为零（因为互感器中的正电荷与负电荷不再相等），产生零序电流，从而感应副线圈，而副线圈又与脱扣开关相连，使开关断开脱离电源，达到保护人身安全的目的。

3. 人体触电危害的影响因素

发生触电后，电流对人体的影响程度，主要取决于电流大小、电流持续时间、人体阻抗、电流路径及电流种类、电流频率、身体状况等多种因素，但主要由通过人体的电流（I）与电流的持续时间（T）所决定。

通过大量试验证实：心室颤动是电击致死的主要原因。所以，常用不引起心室颤动值作为确定电击保护特性的依据。同时试验还证实：在体重相同条件下，引起心室颤动不仅与通过人体的电流 I 有关，而且与通电时间 T 有关，即由通入人体内的电量 $Q=I \cdot T$ 而定。当触电电流达到 50mA 或超过 50mA，通电时间达 1s 时，即出现心室颤动，以致死亡。

实践证明：用 30mA·s 作为电击保护装置的动作特性，无论从安全或制造方面来说，都比较合适，与 50mA·s 相比较有 1.67倍的安全率。从"30mA·s"这个安全限值可以看出，即使电流达到 100mA，只要漏电保护器在 0.3s 内动作并切断电源，人体尚不会引起致命的危险。故"30mA·s"这个值也成为漏电保护器产品的设计依据。当采用两级保护时，用于总分配电箱或分配电箱（第一级）的漏电保护器参数不应大于 30mA·s（提供间接接触保护）。

但是，当人体与带电体直接接触时，经过人体的电流往往大于人体的摆脱电流，因为它完全由人体的触电电压和人体在触电时的人体电阻所决定，和所选用漏电保护器的动作电流无关。实际上，在触电过程中，人体电阻在触电电压的作用下是变化的，由于触电电压的变化，通过人体的触电电流也随之变化，这就使漏电保护器的保护范围发生了变化，尽管安装了 50mA 的漏电开关，触电时有可能会遇到 50mA 以上的电流。

电流通过人体的时间越长，使皮肤发热、出汗，则降低了皮肤阻抗，从而电流也相应增加，这就增加了触电的危险性。如果电流持续时间超过一个心脏搏动周期（心搏周期），则将会造成心室纤维性颤动，而心室纤维性颤动是触电导致死亡的主要原因。当采用快速型漏电保护器时，因通过人体电流的持续时间小于一个心搏周期发生心室颤动所需的电流值，所以触电者不会发生心室颤动。因此，在漏电保护器用于开关箱（末级）时，应选择漏电电流 30mA 以下和必须是高速型 0.1s）的，可用于对直接接触的补充保护。

（三）漏电保护器的选择

1. 主要技术参数

漏电保护器的主要动作参数有：额定漏电动作电流、额定漏电不动作电流、额定漏电动作时间等，其他参数还有：电源频率、额定电压、额定电流等。

（1）额定漏电动作电流

在规定的条件下，使漏电保护器动作的电流值。

（2）额定漏电不动作电流

在规定的条件下，漏电保护器不动作的电流值，一般应选漏电动作电流值的 1/2。

从安全角度讲，漏电电流值选择的越小越好。但是，由于管理和线路及设备本身的因素，在正常情况下，也会有一定的漏电电流，如果动作电流选择过小（小于总的泄漏电流时），则会造成漏电保护器经常性的误动作，而不能保障正常的生产工作。所以选择漏电保护器时，应使漏电不动作电流值大于总泄漏电流值。

（3）额定漏电动作时间

额定漏电动作时间是指从突然施加漏电动作电流起，到被保护电路切断为止的时间。漏电保护器的动作时间必须小于、最大等于该额定值。快速型漏电保护器最大分断时间不大于 0.1s。

漏电保护器采用的供电电源频率为：50Hz。额定电压为：220V、380V。额定电流为：6A、10A、16A、20A、25A、32A、40A、50A、63A、100A、125A、160A、200A。

2. 分类

漏电保护器按动作特性可分为：动作灵敏度和动作时间。

（1）动作灵敏度。

1）高灵敏度：漏电动作电流在 30mA 以下。

2）中灵敏度：在 30～1000mA。

3）低灵敏度：在 1000mA 以上。

（2）动作时间

1）快速型：漏电动作时间＜0.1s。

2）延时型：在 0.1～2s 之间，适用于动作电流＞30mA 的间接接触防护。

3）反时限型。

漏电保护器是按照动作特性来选择的，因此对某台漏电保护器而言，其灵敏度和动作时间不同，使用的场合和作用也是不同的。一般在线路的末级（开关箱内），应安装高灵敏度、快速型的漏电保护器；在干线（总配电箱内）或分支线（分配电箱内）上，应安装中灵敏度快速型或延时型（总配电箱）的漏电保护器，以形成分级保护。

3. 选择

选择漏电保护器应按照使用目的，根据作业条件选择：

（1）按保护目的选用

1）以防人身触电为目的。在线路末端，选用高灵敏度、快速型漏电保护器。

2）以防止触电为目的与设备接地并用的分支线路，选用中灵敏度、快速型漏电保护器。

3）用以防止由漏电引起的火灾和保护线路设备为目的的干线，应选用中灵敏度、延时型漏电保护器。

（2）按供电方式选用

1）保护单相线路或设备时，选用单极二线或二极漏电保护器。

2）保护三相线路或设备时，选用三极产品。

3）既有三相又有单相时，选用三级四线或四极产品。

在选定漏电保护器的极数时，必须与线路的线数相适应。漏电保护器的极数是指内部开关触头能断开导线的根数，如：三极漏电保护器是指开关触头可以断开三根导线。而单极二线、二极三线、三极四线的漏电保护器，均有一根直接穿过漏电检测元件而不能断开的中性线。漏电保护器中性线的接线端子标有"N"字符号，表示连接工作零线，严禁与 PE 线连接。

（3）按额定电压选用

漏电保护器铭牌上的额定电压，应与安装线路的额定电压相适应。否则，会因线路电压过高可能引起漏电保护器的误动作，或脱扣装置电流过大使电子元件被击穿；或者因电压过低，会使电磁脱扣装置吸力不够造成不动作。

（4）按负载情况选用

按不同的负载选用的漏电保护器额定电流，应不小于实际负载电流。

像电热设备在热态时电阻大，而绝缘阻值低，漏电电流大，所以漏电保护器的漏电动作电流不能过小；又如线路末端及照明插座，应考虑设备的数量、容量的增加等。另外，还随建筑施工进度部位的变化，使用的设备也不同，包括电箱的位置、控制电器及漏电保护器也应随之变化。

（5）按作业环境选用

按作业环境不同，可采用移动式或固定式、户内型或户外防溅型，以及防尘、防腐蚀、防爆型漏电保护器；对冲击振动作业，应采用电子式漏电保护器；对有电磁干扰的地方，应采用电磁式漏电保护器等。

（6）按分级配合选择

按照用于干线、支线和线路末端，应选用不同特性的漏电保护器，以达到协调配合。

一般用于主干线的总保护器，选用的动作电流，应大于主干线实测泄漏电流的 2 倍；对分支电路中的漏电保护器，应选用动作电流大于正常运行分支电路实测漏电电流的 2.5 倍（同时还应大于其中泄漏电流最大用电设备漏电电流的 4 倍）；在线路末级必须安装漏电动作电流小于 30mA 的快速动作型漏电保护器。

4. 分级保护

为什么要采用分级保护呢，主要适用于低压配电，因为低压供配电一般都采用分级配电，如果只在线路的末级（开关箱内）安装漏电保护器，虽然发生漏电时能断开故障线路，但保护范围小；同样，若只在分支线路（分配电箱内）或干线上（总配电箱内）安装漏电保护器，虽然保护范围大，但若某一设备发生故障导致漏电保护器跳闸时，将造成整个系统全部停电，既影响无故障设备的正常运行，又不便查找事故原因、延长维修时间，显然这些保护方式都有不足之处。因此，按线路负载等不同要求，在低压电网的干线、分支线路和线路末端，分别安装具有不同漏电动作特性的漏电保护器，形成分级漏电保护网。

分级保护时，各级保护范围之间应相互配合，保证在末端发生漏电故障或人身触电事故时，漏电保护器不能越级动作，同时要求当下级保护器发生故障时，上级漏电保护器动作，以补救下级失灵的意外情况。

实行分级保护可使每台用电设备均有两级以上的漏电防护措施，它不仅对低压电网所有线路末端的用电设备创造了安全运行条件和提供了人身安全的直接接触与间接接触的多重防护，而且可以最大限度地缩小发生故障时的停电范围，且容易发现和查找故障点，对提高安全用电水平和降低触电事故、保障作业安全有着积极作用。

5. 两级保护

（1）第一级漏电保护

规范要求第一级漏电保护器设在总配电箱，可以对干线、支线都能保护，漏电保护范围大，但漏电保护器的灵敏度不能太高，否则就会发生误动作，当然灵敏度也不能过低，否则失去保护功能。这一级漏电保护提供间接接触保护，主要对线路、设备进行保护以及防止漏电引起的火灾事故。

这一级漏电保护器的参数：额定漏电动作电流大于 30mA，额定漏电动作时间大于 0.1s，但二者的乘积不得超过 30mA·s。

如果现场用电量大，变压器容量较大（例如变压器容量为 400kV·A），可以改用三级保护。将设在总配电箱的第一级漏电保护器参数提高（大于正常泄漏电流的两倍），防止正常漏电引起的误动作；将第二级漏电保护器设在分配电箱，参数 $I·t\leqslant$ 30mA·s，第三级即末级漏电保护器设在开关箱，$I\leqslant$30mA。

（2）第二级（末级）漏电保护

这一级是将漏电保护器设置在线路末端（开关箱内）用电设备的电源进线处（隔离开关负荷侧）。末级主要提供间接接触防护和直接接触的补充防护。末端电器使用频繁，危险性大。要求设置高灵敏度、快速型的漏电保护器。用以防止有致命危险的人身触电事故。应按作业条件选择漏电保护器参数。一般比较干燥的环境，可选择 30mA×0.1s 的漏电保护器；比较潮湿的作业环境，应选择 15mA×0.1s 的漏电保护器；当用电设备容量较大时，为避免因漏电电流大引起保护器的误动作，可选择＞30mA ×0.1s 的漏电保护器。

（四）漏电保护器的安装

1. 接线

（1）安装漏电保护器后，不能撤掉原有的接零（接地）保护措施。

1）用电设备采取按零（接地）保护后又加装漏电保护器，此时设备发生漏电故障，只要设备外壳产生对地电压，无论是否有人触及带电的外壳，保护器会立即切断电源防止发生触电事故。

2）当用电设备只有漏电保护器没有安装接零或接地保护装置时，设备发生漏电故障造成外壳带电，在没有人触及电器外壳时，故障电流不能独立构成回路，此时零序互感器内电流矢量之和仍为零，保护器不会动作，电器外壳的电位不会降低，外壳将长时间持续带电，这将是非常危险的。

3）当用电设备安装漏电保护器把原有的接零或接地保护撤掉后，如果漏电保护器也发生故障，此时用电设备处在无任何保护的情况下运行，一旦漏电就有可能发生触电事故。

（2）安装漏电保护器应注意零线的正确接法，安装漏电保护器时，要严格区分工作零线 N 和保护零线 PE。正确的接法是：工作零线 N 必须穿过电流互感器；保护零线严禁穿过电流互感器。

1）工作零线 N 必须接入漏电保护器。

电源侧的工作零线应与漏电保护器接线端子"N"连接，以使工作零线中产生的不平衡电流经互感器与相线中的电流形成平衡。否则，互感器中的电流矢量就失去了平衡（如单相设备运行时，负电荷不再经互感器，其矢量之和也不会为零，执行机构将出现误动作而合不上闸，不能运行）。

2）保护零线 PE 严禁接入漏电保护器。

保护零线不能进入漏电保护器，应从漏电保护器的电源侧分出。否则，当用电设备发生绝缘损坏故障时，故障电流经保护零线到工作零线，和工作电流一起穿过互感器，使互感器内电流矢量之和仍为零，而检测不出故障电流，因此漏电保护器不会动作，失去保护功能。

（3）进入漏电保护器的零线不得重复接地。

在 TN 的配电系统中，除变压器中性点接地外（不平衡电流将经过零线返回变压器中性点），如果该系统装设了漏电保护器，且将接入保护器的零线进行了重复接地，此时的零线将会有一定分流经重复接地返回中性点，从而破坏了互感器内电流的平衡状态，使保护器产生误动作。

正确的接法是采用 TN-S 系统，将该系统的专用保护零线重复接地，因为保护零线不经过漏电保护器，所以不会影响保护器的正常工作。

（4）漏电保护器负载侧的中性点，不得与其他回路共用。

多台漏电保护器安装时，应有各自的中性线，自成独立工作系统互不干扰。正常工作时，电流互感器中流进流出的电流矢量之和为零。

当两台漏电保护器的中性线连在一起时，由于并联中性线的分流作用，使互感器中电流矢量之和不为零，两台保护器都会动作，并且不能同时工作。

2. 安装

（1）应注意分清保护器的负荷侧及电源侧，不得反接。

（2）带有短路保护的漏电保护器，位于电源侧有一排气孔，是在分断短路电流时，向外喷射热气和电弧的，所以安装时要注意留出安全距离。

（3）尽量远离其他铁磁体及大电流导体。如距交流接触器应不小于 40cm。与电焊机等具有强磁场设备，为避免影响保护器的正常工作，也应远离。

（4）露天使用的保护器要装设在电箱内，否则应采用防溅型漏电保护器。

（5）漏电保护器应装在电源、隔离开关的负荷侧，以便于检测和维护。

（6）使用移动电器，应将漏电保护器装在负荷电源线的首端处，以同时起到对电源线的保护作用。

（7）使用移动电箱时，移动电箱内也应加装漏电保护器，以形成"一机一闸一漏"的控制保护。

（8）使用电磁式产品，应注意保护器的安装角度，应使安装垂直面倾斜不大于 10°，否则，将导致内部铁芯在重力方向产生误动作和"拒动作"。

（9）开关箱内不准多台设备共用一台漏电保护器。

1）容易发生误操作。

多台开关电器安装在同一开关箱内，虽然线路上实现了一机一闸，但当操作人员变化或注意力不集中时，容易误合闸造成事故，或当其中一台用电设备发生电气故障需迅速切断电源时，也易发生误操作。

2）不符合安全操作距离要求。

用电规范规定开关箱距被控制的固定设备距离不大于 3m，以满足安全操作需要（一是可以对设备进行监控，二是可以迅速切断故障电源以减少损失）。当多台用电设备的开关电器共用同一开关箱时，距各台设备有远有近，不能同时满足安全距离要求，容易导致误操作事故。

3）漏电保护器易产生误动作。

在多路负载线路上共用一台漏电保护器，容易引起频繁误动作。尤其露天作业，随施工用电设备增多，几台设备都接在同一台漏电保护器上，由于线路增多，产生泄漏电流的可能性也相应增大，同样，由于线路加长，泄漏电流也相应上升，在原参数的漏电保护器情况下，就会引起保护器的频繁动作。

所以应该按照规定，每台用电设备应设置专用的开关箱，实行一机一闸制，并在开关箱中装设符合要求的漏电保护器。

（五）漏电保护器的测试

1. 试验按钮

漏电保护器的试验按钮，是为检验保护器的正常工作性能而设置的。在带电的状态下，按动试验按钮，若开关机构灵敏跳闸，则说明该保护器工作正常。

一般在漏电保护器安装后，应用试验按钮试验三次，保护器应正确动作；保护器投入运行后，每月需在通电状态下，按下试验按钮，检查漏电保护器动作是否可靠，雷雨季节应增加试验次数。

2. 漏电保护器测试仪

漏电保护器设置的试验按钮，是在零序互感器的回路上串接一匹配的电阻，按下按钮时线路短路迫使脱扣机构动作。由此可见，试验按钮的试验结果只表明保护器机构连锁的可靠与否，并不能确认保护器动作时的漏电电流和分断时间的具体数值是否符合规定。所以，尚需使用漏电保护测试仪，对正在运行的漏电保护器在线检测其漏电动作电流、漏电动作时间及漏电不动作电流等主要参数，从而可以判断该漏电保护器的可靠程度。

由于人体发生触电事故的危险程度，除与流经人体电流的大小有关外，还与电流在人体中持续的时间有关，当前国际上承认的安全限值为：$I \cdot t = 30\text{mA} \cdot \text{s}$。所以在配电箱中（第一级）选用漏电保护器的参数不应超过 $30\text{mA} \cdot \text{s}$；在开关箱中（末级）应选用高灵敏度、快速型的漏电保护器，额定漏电电流不超过 30mA，最大分断时间应小于 0.1s，即安全限值为 $3\text{mA} \cdot \text{s}$。实际选择的漏电保护器参数是否正确，必须使用漏电保护测试仪进行检测确认，否则，即使安装了漏电保护器，仍有发生触电事故的可能。

第四节　配电箱、开关箱的技术要求与使用维护

一、配电箱、开关箱的技术要求

（一）总配电箱的电器应具备电源隔离，正常接通与分断电路，以及短路、过载、漏电保护功能。电器设置应符合下列原则：

1. 当总路设置漏电保护器时，还应装设总隔离开关、分路隔离开关以及总断路器、分断路器或总熔断器、分熔断器。当所设漏电保护器是同时具备短路、过载、漏电保护功能的漏电断路器时，可不设总断路器或总熔断器。

2. 当各分路设置分路漏电保护器时，还应装设总隔离开关、分路隔离开关以及总断路器、分路断路器或总熔断器、分路熔断器。当分路所设漏电保护器是同时具备短路、过载、漏电保护功能的漏电断路器时，可不设分路断路器或分路熔断器。

3. 隔离开关应设置于电源进线端，应采用分断时具有可见分断点的断路器。如采用分断时具有可见断开点的断路器，可不另设隔离开关。

4. 总开关电器的额定值、动作整定值应与分路开关电器的额定值、动作整定值相适应。

5. 漏电保护器应装设在总配电箱、开关箱靠近负荷的一侧，且不得用于启动电气设备的操作。

6. 总配电箱中漏电保护器的额定漏电动作电流应大于30mA，额定漏电动作时间应大于 0.1s，但其额定漏电动作电流与额定漏电动作时间的乘积不应大于 30mA·s。开关箱中漏电保护器的额定漏电动作电流不应大于 30mA，额定漏电动作时间不应大于 0.1s。

7. 总配电箱和开关箱中漏电保护器的极数和线数必须与其负荷侧负荷的相数和线数一致。

某施工现场，施工临时用电总、分配电箱，开关箱系统图及其箱内电器布置图（图 6-2）。

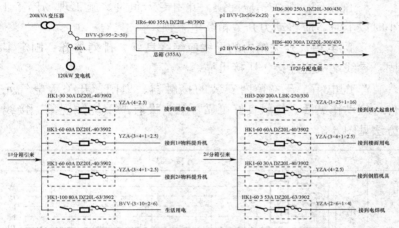

图 6-2　施工临时用电总配电箱、分配电箱、开关箱系统图

（二）分配电箱应装设总隔离开关、分路可见分断点的断路器。其设置和选择应符合总配电箱设置时之要求。

二、使用与维护

1. 配电箱、开关箱断送电时必须按照下列顺序操作（出现电气故障的紧急情况除外）：

送电操作顺序为：总配电箱→分配电箱→开关箱；

停电操作顺序为：开关箱→分配电箱→总配电箱。

2. 配电箱、开关箱内不得随意挂接其他用电设备。其电器配置和接线不得随意改动。严禁用其他非熔导体替代保险丝使用；对于试验按钮试跳一次不动作的漏保，不得继续使用。

3. 配电箱、开关箱应定期检查、维修。检查、维修时，必须

171

将其前一级相应的隔离开关分闸断电，并悬挂"禁止合闸、有人工作"停电标志牌，严禁带电作业。

4. 严禁非电工人员进行检查与维修；电工作业人员作业时必须按规定穿戴防护用品。

5. 配电箱、开关箱应配锁，并由专人负责。施工现场停工1小时以上时，应将动力开关箱断电上锁。

6. 配电箱、开关箱内的导线应绝缘良好、排列整齐、固定牢固，导线端头应连接、压接可靠。

7. 配电箱、开关箱内安装的接触器、刀闸、开关等电气元件，应动作灵活，接触良好可靠，触头没有严重烧蚀现象。接线方法见图6-3。

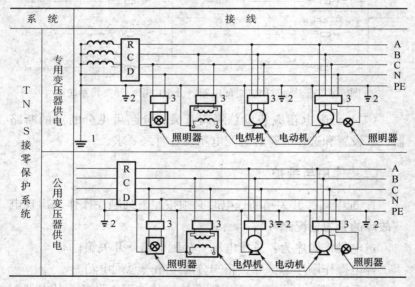

图6-3 漏电保护器的接线方法

A、B、C—相线；N—工作零线；PE—保护零线；

1—工作接地；2—重复接地；3—RCD漏电保护器

第七章　配电线路

电气线路是电力系统的重要组成部分。电气线路可分为电力线路和控制线路。前者完成输送电能的任务；后者供保护和测量的连接之用。电气线路除应满足供电可靠性或控制可靠性的要求外，还必须满足各项安全要求。

第一节　电气线路种类及特点

电气线路种类很多。按照敷设方式，分为架空线路、电缆线路、穿管线路等；按照导体的绝缘，分为塑料绝缘线、橡皮绝缘线、裸线等。

一、架空线路

架空线路指彼此间距超过 25m，利用铁塔敷设的高、低压电力线路。架空线路主要由导线、杆塔、绝缘子、横担、金具、拉线及基础等组成。

架空线路的导线用以输送电流，多采用钢芯铝绞线、硬铜绞线、硬铝绞线和铝合金绞线。厂区内（特别是有火灾危险的场所）的低压架空线路宜采用绝缘导线。架空线路的塔杆用以支撑导线及其附件，有钢筋混凝土杆、木杆和铁塔之分。

按其功能，杆塔分为直线杆塔、耐张杆塔、跨越杆塔、转角杆塔、分支杆塔和终端杆塔等。直线杆塔用于线路的直线段上，起支撑导线、横担、绝缘子、金具之用。

耐张杆塔在断线或紧线施工的情况下，能承受线路单方向的拉力，用于线路直线段几座直线杆塔之间线段上。

跨越杆塔是高大、加强的耐张型杆塔，用于线路跨越铁路、公路、河流等处。

转角杆塔用于线路改变方向处，能承受线路两方向的合力。

分支杆塔用于线路分支处，能承受各方向线路的合力。

终端杆塔用于线路的终端，能承受线路全部导线的拉力。

架空线路的绝缘子用以支撑、悬挂导线并使之与杆塔绝缘，分为针式绝缘子、蝶式绝缘子、悬式绝缘子、陶瓷横担绝缘子和拉紧绝缘子等。

架空线路的横担用以支撑导线，常用的横担有角铁横担、木横担和陶瓷横担。架空线路的金具主要用于固定导线和横担，包括线夹、横担支撑、抱箍、垫铁、连接金具等金属器件。架空线路的拉线及其基础用以平衡杆塔各方向受力，保持杆塔的稳定性。

架空线路的特点是造价低、施工和维修方便、机动性强；但架空线路容易受大气中各种有害因素的影响、妨碍交通和地面建设，而且容易与邻近的高大设施、设备或树木接触（或过分接近），导致触电、短路等事故。

二、电缆线路

电力电缆线路主要由电力电缆、终端接头和中间接头组成。电力电缆分为油浸纸绝缘电缆（图 7-1）、交联聚乙烯绝缘电缆（图 7-2）和聚氯乙烯绝缘电缆。

户外用电缆终端接头有铸铁外壳、瓷外壳终端接头和环氧树脂终端接头；户内用电缆终端接头常用环氧树脂终端接头和尼龙终端接头。电缆中间接头有环氧树脂中间接头、铅套中间接头和铸铁中间接头。电缆接头事故占电缆事故的 70%，其安全运行十分重要。

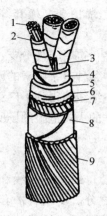

图 7-1 油浸纸绝缘电缆

1—缆芯；2—分相油浸纸绝缘；3—填料；4—统包油浸纸绝缘；5—铅（铝）包；
6—沥青纸带内护层；7—沥青麻包内护层；8—钢铠外护层；9—麻包外护层

图 7-2 交联聚乙烯绝缘电缆

1—缆芯；2—交联聚乙烯绝缘；3—填料；4—聚氯乙烯内护层；
5—钢铠或铝铠外护层；6—聚氯乙烯外护层

电力电缆主要由缆芯导体、绝缘层和保护层组成。电缆缆芯导体分铜芯和铝芯两种；绝缘层有油浸纸绝缘、塑料绝缘、橡皮绝缘等几种；保护层分内护层和外护层；内护层分铅包、铝包、聚氯乙烯护套、交联聚乙烯护套、橡套等几种；外护层包括黄麻衬垫、钢铠和防腐层。

电缆线路的特点是造价高、不便分支、施工和维修难度大；但电缆线路不容易受大气中各种有害因素的影响、不妨碍交通和地面建设。现代化企业中，电缆线路得到了广泛的应用。特别是在有腐蚀性气体或蒸汽、有爆炸的火灾危险的场所，应用最为广泛。

三、室内配线

室内配线种类繁多。母线有硬母线和软母线之分。干线有明线、暗线和地下管配线之分。支线有护套线、直敷配线、瓷夹板或塑料夹板配线、鼓形绝缘子或针式绝缘子配线、钢管配线、塑料管配线等多种形式。室内配线方式应与环境条件、负荷特征、建筑要求相适应。各种配线方式的适用范围见表 7-1；各种环境条件对线路的要求见表 7-2。

表 7-1　配线方式适用范围

导线类别		塑料护配线	绝缘线						裸导线
敷设方式		直敷配线	瓷、塑料夹板	鼓形绝缘子	针式绝缘子	焊接钢管	电线管	硬塑料管	绝缘子
场所特征	干燥 生产	○	○	○	+－	○	○	+	×
	干燥 生活	○	○	○	○	○	○	+	○
	潮湿	+	×	－	○	○	+	○	+
	特别潮湿	×	×	－	○	+	×	○	○
	高温	×	×	－	○	○	○	×	○
	振动	○	○	×	○	○	○	○	×
	多尘	+	×	－	+	○	○	○	+
	腐蚀	+	×	×	+	×	×	○	－

续表

导线类别		塑料护配线	绝缘线						裸导线
敷设方式		直敷配线	瓷、塑料夹板	鼓形绝缘子	针式绝缘子	焊接钢管	电线管	硬塑料管	绝缘子
场所特征 火灾危险场所	H－1	－	×	×	＋	○	○	－	＋
	H－2	－	×	×	×	○	○	×	＋
	H－3	－	×	×	×	○	○	×	＋
爆炸危险场所	Q－1	×	×	×	×	○	×	×	×
	Q－2	×	×	×	×	○	×	×	×
	Q－3	×	×	×	×	○	×	×	－
	G－1	×	×	×	×	○	×	×	×
	G－2	×	×	×	×	○	×	×	×
室外		×	×	×	○	＋	×	×	×

注：表中，"○"推荐采用、"＋"可以采用、"－"建议不采用、"×"不允许采用。

①线路应远离可燃物质，且不应敷设在未抹灰的木天棚或墙壁上，以及可燃液体管道的栈桥上。

②钢管镀铸并刷防腐漆。

③不宜用铝导线（因其韧性差，受振动易断）；应当用铜导线。

④可用裸导线，但应采用熔焊或钎焊连接；需拆卸处用螺栓可靠连接。在H－1级、H－3级场所宜有保护罩；当用金属网罩时，网孔直径不应大于12mm，在H－2级场所应有防尘罩。

⑤用在不受阳光直接曝晒和雨雪不能淋着的场所。

特别潮湿环境应采用硬塑料管配线或针式绝缘子配线；高温环境应采用电线管或焊接钢管配线，或针式绝缘子配线；多尘（非爆炸性粉尘）环境应采用各种管配线；腐蚀性环境应采用硬塑料管配线；火灾危险环境应采用电线管或焊接钢管配线；爆炸危险环境应采用焊接钢管配线等。

表 7-2 线路敷设方式导线材料选择

环境特征	线路敷设方式	常用电线、电缆型号
正常干燥环境	绝缘线瓷珠、瓷夹板或铝皮卡子明配线	BBLX、BLV、BLVV
	绝缘线、裸线瓷瓶明配线	BBLX、BLV、LJ、LMJ
	绝缘线穿管明敷或暗敷	BBLX、BLV
	电缆明敷或沿电缆沟敷设	ZLL、ZLL$_{11}$、VLV、YJV、XLV、ZLQ
潮湿和特别潮湿的环境	绝缘线瓷瓶明配线	BBLX、BLV
	绝缘线穿塑料管、钢管明敷或暗敷	BBLX、BLX
	电缆明敷	ZLL$_{11}$、VLV、YJV、XLV、
多尘环境（不包括火灾及爆炸危险粉尘）	绝缘线瓷珠、瓷瓶明配线	BBLX、BLV、BLVV
	绝缘线穿钢管明敷或暗敷	BBLX、BLV
	电缆明敷或沿电缆沟敷设	ZLL、ZLL$_{11}$、VLV、YJV、XLV、ZLQ
有腐蚀性的环境	塑料线瓷珠、瓷瓶配线	BLV、BLVV
	绝缘线穿塑料管明敷或暗敷	BBLV、BLV、BV
	电缆明敷	VLV、YJV、ZL$_{11}$、XLV
火灾危险环境	绝缘线瓷瓶明配线	BBLX、BLV
	绝缘线穿钢管明敷或暗敷	BBLX、BLV
	电缆明敷或沿电缆沟敷设	ZLL、ZLQ、VLV、YJV、XLV、XLHF
爆炸危险环境	绝缘线穿钢管明敷或暗敷	BBV、BV
	电缆明敷	ZL$_{20}$、ZQ$_{20}$、VV$_{20}$
户外配线	绝缘线、裸线瓷瓶明配线	BBLF、BLV-1、LJ
	绝缘线穿钢管沿外墙明敷	BBLF、BBLX、BLV
	电缆埋地	ZLL$_{11}$、ZLQ$_2$、VLV、VLV-2、YJV、VJV$_2$

第二节 电缆线路

一、电缆简介

施工工地上常用的绝缘电缆一般也有橡皮绝缘和塑料绝缘两种，其型号及性能参数见表 7-3。在表 7-3 所示电缆中，橡套电缆一般应用于连接各种移动式用电设备，而工地配电线路的干、支线一般采用各种电力电缆。

表 7-3　常用绝缘电缆性能参数表

型号		名　称	性能及用途	标称截面/mm²
铜芯	铝芯			
VV	VLV	聚氯乙烯绝缘聚氯乙烯护套电力电缆（一至四芯）	敷设在室内、隧道内及管道中，不能承受机械外力作用。适用于交流 0.6/1.0kV 级以下的输配电线路中，长期工作温度不超过 65℃。环境温度低于 0℃敷设时必须预先加热，电缆弯曲半径不小于电缆外径的 10 倍	一芯时为 1.5～500 二芯时为 1.5～150 三芯时为 1.5～300 四芯时为 4～185
XV	XLV	橡皮绝缘聚氯乙烯护套电力电缆（一至四芯）	敷设在室内、电缆沟内及管道中，不能承受机械外力作用。适用于交流 6kV 级以下输配电线路中作固定敷设，长期允许工作温度不超过 65℃，敷设温度不低于－15℃。弯曲半径不小于电缆外径的 10 倍	XV 一芯时为 1～240 XLV 一芯时为 2.5～630 XLV 二芯时为 1～185 XLV 二芯时为 2.5～240 XV 三至四芯时为 1～185 XLV 三至四芯时为 2.5～240

型号		名　称	性能及用途	标称截面/mm²
铜芯	铝芯			
XF	XLF	橡皮绝缘氯丁护套电力电缆 （一至四芯）	敷设在室内、电缆沟内及管道中，不能承受机械外力作用。适用于交流6kV级以下输配电线路中作固定敷设，长期允许工作温度不超过65℃，敷设温度不低于－15℃，弯曲半径不小于电缆外径的10倍	XV 一芯时为 1～240 XLV 一芯时为 2.5～630 XV 二芯时为 1～185 XLV 二芯时为 2.5～240 XV 三至四芯时为 1～185 XLV 三至四芯时为 2.5～240
YQ		轻型橡套电缆 （一至三芯）	连接交流 250V 及以下轻型移动电气设备 YQW 型具有耐气候和一定的耐油性能	0.3～0.75
YQW				
YZ		中型橡套电缆 （一至四芯）	连接交流 500V 及以下轻型移动电气设备 YZW 型具有耐气候和一定的耐油性能	0.5～6
YZW				
YC		重型橡套电缆 （一至四芯）	连接交流 500V 及以下轻型移动电气设备 YCW 型具有耐气候和一定的耐油性能	2.5～120
YCW				

二、电缆架设

（一）一般规定

1. 电缆中必须包含全部工作芯线和用作保护零线或保护线的芯线。需要三相四线制配电的电缆线路必须采用五芯电缆。

五芯电缆必须包含淡蓝（绿）/黄两种颜色绝缘芯线。淡蓝色芯线必须用作 N 线；绿/黄色芯线必须用作 PE 线，严禁混用。

2. 电缆线路应采用埋地或架空敷设，严禁沿地面明设，并应避免机械损伤和介质腐蚀。埋地电缆路径应设方位标志。

3. 电缆类型应根据敷设方式、环境条件选择。埋地敷设宜选用铠装电缆；当选用无铠装电缆时，应能防水、防腐。架空敷设宜选用无铠装电缆。

（二）架空电缆敷设要求

1. 架空电缆应沿电杆、支架或墙壁敷设，并采用绝缘子固定，绑扎线必须采用绝缘线，固定点间距应保证电缆能承受自重所带来的荷载，敷设高度应符合本章第一节架空线路敷设高度的要求，但沿墙壁敷设时最大弧垂距地不得小于 0.2m。

架空电缆严禁沿脚手架、树木或其他设施敷设。

2. 在建工程内的电缆线路必须采用电缆埋地引入，严禁穿越脚手架引入。电缆垂直敷设应充分利用在建工程的竖井、垂直孔洞等，并宜靠近用电负荷中心，固定点每楼层不得少于一处。电缆水平敷设宜沿墙或门口刚性固定，最大弧垂距地不得小于 2.0m。装饰装修工程或其他特殊阶段，应补充编制单项施工用电方案。电源线可沿墙角、地面敷设，但应采取防机械损伤和电火措施。

3. 架空线路必须有短路保护。采用熔断器作短路保护时，其熔体额定电流不应大于明敷绝缘导线长期连续负荷允许载流量的 1.5 倍。

采用断路器作短路保护时，其瞬动过流脱扣器脱扣电流整定值应小于线路末端单相短路电流。

4. 架空线路必须有过载保护。采用熔断器或断路器作过载保护时，绝缘导线长期连续负荷允许载流量不应小于熔断器熔体额定电流或断路器长延时过流脱扣器脱扣电流整定值的 1.25 倍。

（三）电缆埋地敷设要求

1. 电缆直接埋地敷设的深度不应小于 0.7m，并应在电缆紧邻上、下、左、右侧均匀敷设不小于 50mm 厚的细砂，然后覆盖砖或混凝土板等硬质保护层。

2. 保护层与电缆的垂直距离不得小于 100mm，电缆壤沟的形状和尺寸要求见图 7-3。

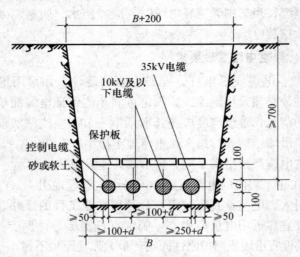

图 7-3　电缆壤沟的形状和尺寸要求

3. 电缆长度应比电缆壤沟长约 1.5%～2%，即留有一定裕量。

4. 电缆接头应设在地面上的接线盒内，接线盒应能防水、防尘、防机械损伤，并远离易燃、易爆、易腐蚀场所。

5. 电缆接头应牢固可靠，并应作绝缘包扎，保持绝缘强度，不得承受张力。

6. 埋地电缆在穿越建筑物、构筑物、道路、易受机械损伤、介质腐蚀场所及引出地面从 2.0m 高到地下 0.2m 处，必须加设防护套管，防护套管内径不应小于电缆外径的 1.5 倍。

7. 埋地电缆与其附近外电电缆和管沟的平行间距不得小于 2m，交叉间距不得小于 1m。

第三节 室内配线要求与施工

一、室内配线技术要求

（一）室内配线必须采用绝缘导线或电缆。

（二）室内配线应根据配线类型采用瓷瓶、瓷（塑料）夹、嵌绝缘槽、穿管或钢索敷设。潮湿场所或埋地非电缆配线必须穿管敷设，管口和管接头应密封；当采用金属管敷设时，金属管必须作等电位连接，且必须与 PE 线相连接。

（三）室内非埋地明敷主干线距地面高度不得小于 2.5m。

（四）架空进户线的室外端应采用绝缘子固定，过墙处应穿管保护，距地面高度不得小于 2.5m，并应采取防雨措施。

（五）室内配线所用导线或电缆的截面应根据用电设备或线路的计算负荷确定，但铜钱截面不应小于 $1.5mm^2$，铝线截面不应小于 $2.5mm^2$。

（六）绝缘导线明敷时，采用钢索配线的吊架间距不宜大于 12m，采用绝缘子或瓷（塑料）夹固定导线时，导线及固定点间的允许距离如表 7-4 所示。采用护套绝缘导线时，允许直接敷设于钢索上（导线明敷时导线及固定点间的允许距离见表 7-4）。

表 7-4　室内采用绝缘导线明敷时导线及固定点间的允许距离

布线方式	导线截面/mm^2	固定点间最大允许距离/mm	导线线间最小允许距离/mm
管（塑料）夹	1~4 6~10	600 800	—
用绝缘子固定在支架上布线	2.5~6 6~25 25~50 50~95	<1500~3000 >3000~6000	35，50，70，100

（七）凡明敷于潮湿场所和埋地的绝缘导线配线均应采用水、煤气钢管，明敷或暗敷于干燥场所的绝缘导线配线可采用电线钢管，穿线管应尽可能避免穿过设备基础，管路明敷时其固定点间最大允许距离应符合表7-5的规定。

表7-5 金属管固定点间的最大允许距离

公称口径/mm	15～20	25～32	40～50	70～100
煤气管固定点间距离	1500	2000	2500	3500
电线管固定点间距离	1000	1500	2000	—

（八）在有酸碱腐蚀的场所以及在建筑物顶棚内，应采用绝缘导线穿硬质塑料管敷设，其固定点间最大允许距离应符合表7-6的规定。

表7-6 塑料管固定点间的最大允许距离

公称口径	20 及以下	25～40	50 及以下
最大允许距离	1000	1500	2000

（九）室内配线必须有短路保护和过载保护。

（十）对穿管敷设的绝缘导线线路，其短路保护熔断器的熔体额定电流不应大于穿管绝缘导线长期连续负荷允许载流量的2.5倍。

二、配电线路施工

（一）管路敷设

1. 塑料管敷设

（1）保护电线用的塑料管及其配件必须由阻燃处理的材料制成，塑料管外壁应有间距不大于1m的连续阻燃标记和制造厂标。

（2）塑料管不应敷设在高温和易受机械损伤的场所。

（3）塑料管管口应平整、光滑；管与管、管与盒（箱）等器件应采用插入法连接；连接处结合面应涂专用胶黏剂，接口应牢固密封。

（4）明配硬塑料管在穿过楼板易受机械损伤的地方，应采用钢管保护，其保护高度距楼板表面的距离不应小于500mm。

（5）直埋于地下或楼板内的硬塑料管，在露出地面易受机械损伤的一段，应采取保护措施。

（6）塑料管直埋于现浇混凝土内，在浇捣混凝土时，应采取防止塑料管发生机械损伤的措施。

（7）明配硬塑料管应排列整齐，固定点间距应均匀，管卡间最大距离应符合表7-7的规定。管卡与终端、转弯中点、电气器具或盒（箱）边缘的距离为150～500mm。

表 7-7　硬塑料管管卡间最大距离

敷设方式	管内径/mm		
	20 及以下	25～40	50 及以上
吊架、支架或沿墙敷设	1.0	1.5	2.0

2. 钢管铺设

（1）对薄壁和厚壁钢管敷设的场所作了相应的规定，如果选用不当，易缩短使用年限或造成浪费。

潮湿场所和直埋于地下的电线保护管，应采用厚壁钢管或防液型可挠金属电线保护管；干燥场所的电线保护管宜采用薄壁钢管或可挠金属电线保护管。

（2）防腐的目的是为了延长钢管使用寿命，应符合有关要求。

当埋设于混凝土内时，钢管外壁可不作防腐处理；直埋于土层内的钢管外壁应涂两度沥青；采用镀锌钢管时，锌层剥落处应涂防腐漆。设计有特殊要求时，应按设计规定进行防腐处理。

（3）钢管不应有折扁和裂缝，管内应无铁屑及毛刺，切断口应平整，管口应光滑。

（4）钢管的连接应符合下列要求：

1）采用螺纹连接时，管端螺纹长度不应小于管接头长度的1/2；连接后，其螺纹宜外露 2～3 扣。螺纹表面应光滑、无缺损。

2）采用套管连接时，套管长度宜为管外径的 1.5～3 倍，管与管的对口处应位于套管的中心。套管采用焊接连接时，焊缝应牢固严密；采用紧定螺钉连接时，螺钉应拧紧；在振动的场所，紧定螺钉应有防松动措施。

3）镀锌钢管和薄壁钢管应采用螺纹连接或套管紧定螺钉连接，不应采用熔焊连接。

4）钢管连接处的管内表面应平整、光滑。

（5）钢管与盒（箱）或设备的连接应符合下列要求：

1）暗配的黑色钢管与盒（箱）连接可采用焊接连接，管口宜高出盒（箱）内壁 3～5mm，且焊后应补涂防腐漆；明配钢管或暗配的镀锌钢管与盒（箱）连接应采用锁紧螺母或护圈帽固定，用锁紧螺母固定的管端螺纹宜外露锁紧螺母 2～3 扣。

2）当钢管与设备直接连接时，应将钢管敷设到设备的接线盒内。

3）当钢管与设备间接连接时，对室内干燥场所，钢管端部宜增设电线保护软管或可挠金属电线保护管后引入设备的接线盒内，且钢管管口应包扎紧密；对室外或室内潮湿场所，钢管端部应增设防水弯头，导线应加套保护软管，经弯成弧状后再引入设备的接线盒。

4）与设备连接的钢管管口与地面的距离宜大于 200mm。

（6）钢管的接地连接应符合下列要求：

1）当黑色钢管采用螺纹连接时，连接处的两端应焊接跨接接地线或采用专用接地线卡跨接。

2）镀铸钢管或可挠金属电线保护管的跨接接地线宜采用专用接地线卡跨接，不应采用熔焊连接。

（7）安装电器的部位应设置接线盒。

（8）明配钢管应排列整齐，固定点间距应均匀，钢管管卡间的最大距离应符合表 7-8 的规定；管卡与终端、弯头中点、电气器具或盒（箱）边缘的距离宜为 150～500mm。

表 7-8　钢管管卡间的最大距离

敷设方式	钢管种类	钢管直径/mm			
		15～20	25～32	40～50	65 以上
		管卡间最大距离/m			
吊架、支架或沿墙敷设	厚壁钢管	1.5	2.0	2.5	3.5
	薄壁钢管	1.0	1.5	2.0	—

3. 金属软管敷设

（1）钢管与电气设备、器具间的电线保护管宜采用金属软管或可挠金属电线保护管；金属软管的长度不宜大于 2m。

金属软管又称挠性金属管，通常用于设备本体的电气配线，在配线工程中用于刚性保护管与设备器具间连接的过渡管段，为了检修和在特种场合下，器具、设备需小范围变动工作位置时，采用部分金属软管作电线保护管；鉴于软管不易更换导线，所以规定了长度数值，且指明了适用范围。

（2）由于金属软管的构造特点，限制了使用场所，若直埋地下或在混凝土内敷设，均有可能渗进水或水泥浆，致使无法穿线或导线穿入后绝缘性能下降。专用的防液型金属软管，外覆的护层是由塑料构成，也不宜直埋地下或捣入混凝土中，原因是外覆层易被划破，而失去防液功能。

（3）金属软管不应退绞、松散，中间不应有接头；与设备、器具连接时，应采用专用接头，连接处应密封可靠；防液型金属软管的连接处应密封良好。

（4）金属软管的安装应符合下列要求：

1）弯曲半径不应小于软管外径的 6 倍。

2）固定点间距不应大于 1m，管卡与终端、弯头中点的距离宜为 300mm。

3）与嵌入式灯具或类似器具连接的金属软管，其末端的固定管卡，宜安装在自灯具、器具边缘起沿软管长度的 1m 处。

（5）金属软管应可靠接地，且不得作为电气设备的接地导体。

（二）配线

1. 管内穿线

（1）对穿管敷设的绝缘导线，其额定电压不应低于 500V。

（2）管内穿线宜在建筑物抹灰、粉刷及地面工程结束后进行；穿线前，应将电线保护管内的积水及杂物清除干净。

（3）不同回路、不同电压等级和交流与直流的导线，不得穿在同一根管内，但下列几种情况或设计有特殊规定的除外：

1）电压为 50V 及以下的回路。

2）同一台设备的电机回路和无抗干扰要求的控制回路。

3）照明花灯的所有回路。

4）同类照明的几个回路，可穿入同一根管内，但管内导线总数不应多于 8 根。

（4）同一交流回路的导线应穿于同一钢管内。

（5）导线在管内不应有接头和扭结，接头应设在接线盒（箱）内。

（6）管内导线包括绝缘层在内的总截面积不应大于管内截面积的 40%。

2. 槽板配线

（1）槽板配线宜敷设在干燥场所；槽板内、外应平整光滑、无扭曲变形。木槽板应涂绝缘漆和防火涂料；塑料槽板应经阻燃处理，并有阻燃标记。

（2）槽板应紧贴建筑物、构筑物的表面敷设，且平直整齐；

多条槽板并列敷设时，应无明显缝隙。

（3）槽板底板固定点间距离应小于 500mm；槽板盖板固定点间距离应小于 300mm；底板距终端 50mm 和盖板距终端 30mm 处均应固定。三线槽的槽板每个固定点均应采用双钉固定。

（4）导线在槽板内不应设有接头，接头应置于接线盒或器具内；盖板不应挤伤导线的绝缘层。

（5）槽板与各种器具的底座连接时，导线应留有余量，底座应压住槽板端部。

3. 瓷夹、瓷柱、瓷瓶配线

（1）因雨雪堆积在瓷夹、瓷柱表面，使导线绝缘能力降低而产生漏电现象；瓷瓶倒装会使瓷瓶积水，影响导线的绝缘。为确保用电安全，在雨、雪能落到导线上的室外场所，不宜采用瓷柱、瓷夹配线；室外配线的瓷瓶不宜倒装。

（2）当室外配线跨越人行道时，导线距地面高度不应小于 3.5m；室外配线跨越通车街道时，导线距地面的高度不应小于 6m。

（3）导线敷设应平直，无明显松弛；导线在转弯处，不应有急弯。

（4）电气线路相互交叉时，应将靠近建筑物、构筑物的导线穿入绝缘保护管内。保护管的长度不应小于 100mm，并应加以固定；保护管两端与其他导线外侧边缘的距离均不应小于 50mm。

（5）绝缘导线的绑扎线应有保护层；绑扎线的规格应与导线规格相匹配；绑扎时不得损伤绝缘导线的绝缘层。

（6）瓷夹、瓷柱或瓷瓶安装后应完好无损、表面清洁、固定可靠。

（7）导线在转弯、分支和进入设备、器具处，应用瓷夹、瓷柱或瓷瓶等支持件固定，其与导线转弯的中心点、分支点、设备和器具边缘的距离宜为：瓷夹配线 40～60mm；瓷柱配线 60～100mm。

（8）因裸导线易危及人身安全，现已较少采用，但其成本低，现仍有采用的情况，为确保安全运行，配线时应符合下列要求：

1）裸导线距地面高度不应小于 3.5m；当装有网状遮栏时，不应小于 2.5m。

2）在屋架上敷设时，导线至起重机铺面板间的净距不应小于 2.2m。

3）裸导线与网状护栏的距离不应小于 100mm；与板状护栏的距离不应小于 50mm。

4）裸导线之间及其与建筑物表面之间的最小距离应符合表 7-9 的规定。

表 7-9　裸导线之间及其与建筑物表面之间的最小距离

固定点间距 L/m	最小距离/mm	固定点间距 L/m	最小距离/mm
$L \leqslant 2$	50	$4 < L < 6$	150
$2 < L \leqslant 4$	100	$L \geqslant 6$	200

（9）导线沿室内墙面或顶棚敷设时，固定点之间的最大距离应符合表 7-10 的规定。

表 7-10　固定点之间的最大距离

配线方式	线芯截面/mm²				
	1～4	6～10	16～25	35～70	95～120
瓷夹配线	600	800	—	—	—
瓷柱配线	1500	2000	3000	—	—
瓷瓶配线	2000	2500	3000	6000	6000

4. 线槽配线

（1）线槽应平整、无扭曲变形，内壁应光滑、无毛刺。金属线槽应经防腐处理。塑料线槽必须经阻燃处理，外壁应有间距不大于1m的连续阻燃标记和制造厂标。

（2）线槽的敷设应符合下列要求：

1）线槽应敷设在干燥和不易受机械损伤的场所。

2）线槽的连接应连续无间断；每节线槽的固定点不应少于两个；在转角、分支处和端部均应有固定点，并应紧贴墙面固定。

3）如线槽接口应平直、严密，槽盖应齐全、平整、无翘角。

4）固定或连接线槽的螺钉或其他紧固件，紧固后其端部应与线槽内表面光滑相接。

5）线槽的出线口应位置正确、光滑、无毛刺。

6）线槽敷设应平直整齐；水平或垂直允许偏差为其长度的2‰，且全长允许偏差为20mm；并列安装时，槽盖应便于开启。

（3）线槽内导线的敷设应符合下列规定：

1）导线的规格和数量应符合设计规定；当设计无规定时，包括绝缘层在内的导线总截面积不应大于线槽截面积的60%。

2）在可拆卸盖板的线槽内，包括绝缘层在内的导线接头处所有导线截面积之和，不应大于线槽截面积的75%；在不易拆卸盖板的线槽内，导线的接头应置于线槽的接线盒内。

5. 动力和照明配线检查

动力和照明配线检查见表7-11。

表7-11 动力和照明配线检查

工序	检验项目	性质	质量标准	检验方法及器具
配线检查	型号、电压及规格		按设计规定	对照图纸检查
	材质			
	绝缘保护层		完好，无损伤	观察检查

工序	检验项目		性质	质量标准	检验方法及器具
配线	管内检查			畅通、无杂物、积水	钢丝贯通检查
	回路布置			按设计规定	对照图纸检查
	导线占保护管内空间			不大于40%保护管内空间	观察检查
	管口护线套			齐全	观察检查
	导线穿管		主要	无损伤，无打结	
	管内导线			无接头	观察检查
	导线在补偿装置内的长度		主要	有适当裕量	手拉检查
接线	导线连接	剥线		线芯无损伤	观察检查
		单股铜线铰接后焊接		紧回、接触良好，焊渣清理干净	
		套管连接		导线与套管规格匹配	
	导线与设备、器具的连接			按《建筑电气工程施工质量验收规范》（GB 50303）规定	对照规范检查
接线后检查	导线间及导线对地绝缘		主要	≥0.5MΩ	用兆欧表检查
	保护地线连接		主要	可靠	观察检查
	盖板、面板			齐全，固定牢固、严密	

第四节　施工现场配电线路的技术要求

一、架空线路

（一）架空线必须采用绝缘导线。

（二）架空线必须架设在专用电杆上，严禁架设在树木、脚手架及其他设施上。

（三）架空线导线截面的选择应符合下列要求：

1. 导线中的计算负荷电流不大于其长期连续负荷允许载

流量。

2. 线路末端电压偏移不大于其额定电压的 5%。

3. 三相四线制线路的 N 线和 PE 线截面不小于相线截面的 50%，单相线路的零线截面与相线截面相同。

4. 按机械强度要求，绝缘铜线截面不小于 $10mm^2$，绝缘铝线截面不小于 $16mm^2$。

5. 在跨越铁路、公路、河流、电力线路挡距内，绝缘铜线截面不小于 $16mm^2$，绝缘铝线截面不小于 $25mm^2$。

（四）架空线在一个挡距内，每层导线的接头数不得超过该层导线条数的 50%，且一条导线应只有一个接头。

在跨越铁路、公路、河流、电力线路挡距内，架空线不得有接头。

（五）架空线路相序排列应符合下列规定：

1. 动力、照明线在同一横担上架设时，导线相序排列是：面向负荷从左侧起依次为 L_1、N、L_2、L_3、PE；

2、动力、照明线在二层横担上分别架设时，导线相序排列是：上层横担面向负荷从左侧起依次为 L_1、L_2、L_3、；下层横担面向负荷从左侧起依次为 L_1（L_2、L_3）、N、PE。

（六）架空线路的挡距不得大于 35m。

（七）架空线路的线间距不得小于 0.3m，靠近电杆的两导线的间距不得小于 0.5m。

（八）架空线路与邻近线路或固定物的距离应符合表 7-12 的规定。

（九）架空线路宜采用钢筋混凝土杆或木杆。钢筋混凝土杆不得有露筋、宽度大于 0.4mm 的裂纹和扭曲；木杆不得腐朽，其梢径不应小于 140mm。

表 7-12　架空线路与邻近线路或固定物的距离

项　目	距离类别				
最小净空距离 (m)	架空线路的过引线、接下线与邻线		架空线与架空线电杆外缘		架空线与摆动最大时树梢
	0.13		0.05		0.50
最小垂直距离 (m)	架空线同杆架设下方的通信广播线路	架空线最大弧垂与地面			架空线最大弧垂与暂设工程顶端	架空线与邻近电力线路交叉	
		施工现场	机动车道	铁路轨道		1kV 以下	1～10kV
	1.0	4.0	6.0	7.5	2.5	1.2	2.5
最小水平距离 (m)	架空线电杆与路基边缘		架空线电杆与铁路轨道边缘		架空线边线与建筑物凸出部分	
	1.0		杆高 (m) ＋3.0		1.0	

（十）电杆埋设深度宜为杆长的 1/10 加 0.6m，回填土应分层夯实。在松软土质处宜加大埋入深度或采用卡盘等加固。

（十一）直线杆和 15°以下的转角杆，可采用单横担、单绝缘子，但跨越机动车道时应采用单横担、双绝缘子；15°到 45°的转角杆应采用双横担、双绝缘子；45°以上的转角杆，应采用十字横担。

（十二）架空线路绝缘子应按下列原则选择：

1. 直线杆采用针式绝缘子；

2. 耐张杆采用蝶式绝缘子。

（十三）电杆的拉线宜采用不少于 3 根 $D4.0$mm 的镀锌钢丝。拉线与电杆的夹角应在 35°～45°之间。拉线埋设深度不得小于 1m。电杆拉线如从导线之间穿过，应在高于地面 2.5m 处装设拉线绝缘子。

（十四）因受地形环境限制不能装设拉线时，可采用撑杆代替拉线，撑杆埋设深度不得小于 0.8m，其底部应垫底盘或石块。撑杆与电杆的夹角宜为 30°。

（十五）架空线路必须有短路保护。

采用熔断器作短路保护时，其熔体额定电流不应大于明敷绝缘导线长期连续负荷允许载流量的 1.5 倍。采用断路器作短路保护时，其瞬动过流脱扣器脱扣电流整定值应小于线路末端单相短路电流。

（十六）架空线路必须有过载保护。

采用熔断器或断路器作过载保护时，绝缘导线长期连续负荷允许载流量不应小于熔断器熔体额定电流或断路器长延时过流脱扣器脱扣电流整定值的 1.25 倍。

二、电缆线路

（一）电缆中必须包含全部工作芯线和用作保护零线或保护线的芯线。需要三相四线制配电的电缆线路必须采用五芯电缆。

五芯电缆必须包含淡蓝（绿）/黄两种颜色绝缘芯线。淡蓝色芯线必须用作 N 线；绿/黄双色芯线必须用作 PE 线，严禁混用。

（二）电缆线路应采用埋地或架空敷设，严禁沿地面明设，并应避免机械损伤和介质腐蚀。埋地电缆路径应设方位标志。

（三）电缆类型应根据敷设方式、环境条件选择。埋地敷设宜选用铠装电缆；当选用无铠装电缆时，应能防水、防腐。架空敷设宜选用无铠装电缆。

（四）电缆直接埋地敷设的深度不应小于 0.7m，并应在电缆紧邻上、下、左、右侧均匀敷设不小于 50mm 厚的细砂，然后覆盖砖或混凝土板等硬质保护层。

（五）埋地电缆在穿越建筑物、构筑物、道路、易受机械损伤处、介质腐蚀场所及引出地面从 2.0m 高到地下 0.2m 处，必须加设防护套管，防护套管内径不应小于电缆外径的 1.5 倍。

（六）埋地电缆与其附近外电电缆和管沟的平行间距不得小于 2m，交叉间距不得小于 1m。

（七）埋地电缆的接头应设在地面上的接线盒内，接线盒应能防水、防尘、防机械损伤，并应远离易燃、易爆、易腐蚀场所。

（八）在建工程内的电缆线路必须采用电缆埋地引入，严禁穿越脚手架引入。电缆垂直敷设应充分利用在建工程的竖井、垂直孔洞等，并宜靠近用电负荷中心，固定点每楼层不得少于一处。电缆水平敷设宜沿墙或门口刚性固定，最大弧垂距地不得小于 2.0m。

装饰装修工程或其他特殊工程，应补充编制单项施工用电方案。电源线可沿墙角、地面敷设，但应采取防机械损伤和"电火"措施。

三、室内配线

（一）室内配线必须采用绝缘导线或电缆。

（二）室内配线应根据配线类型采用瓷瓶、瓷（塑料）夹、嵌绝缘槽、穿管或钢索敷设。

潮湿场所或埋地非电缆配线必须穿管敷设，管口和管接头应密封；当采用金属管敷设时，金属管必须作等电位连接，且必须与 PE 线相连接。

（三）室内非埋地明敷主干线距地面高度不得小于 2.5m。

（四）架空进户线的室外端应采用绝缘子固定，过墙处应穿管保护，距地面高度不得小于 2.5m，并应采取防雨措施。

（五）室内配线所用导线或电缆的截面应根据用电设备或线路的计算负荷确定，但铜线截面不应小于 $1.5mm^2$，铝线截面不应小于 $2.5mm^2$。

（六）钢索配线的吊架间距不宜大于 12m。采用瓷夹固定导线时，导线间距不应小于 35mm，瓷夹间距不应大于 80mm；采用瓷瓶固定导线时，导线间距不应小于 100mm，瓷瓶间距不应大于 1.5m；采用护套绝缘导线或电缆时，可直接敷设于钢索上。

第八章　照明线路

电气照明是施工现场供电的一个组成部分，良好的照明是保证安全生产、提高劳动生产率和保护员工视力健康的必要条件。照明设备的不正常运行可能导致人身伤亡事故或火灾。为此，必须保持照明设备的安全运行。

第一节　照明方式与种类

一、照明方式

（一）一般照明

一般照明是指在整个场所或场所的某部分照度基本上相同的照明。对于工作位置密度很大而对光照方向又无特殊要求，或工艺上不适宜装设局部照明设置的场所，宜单独使用一般照明。它的优点是在工作表面和整个视界范围内，具有较佳的亮度对比；可采用较大功率的灯泡，因而光效较高；照明装置数量少，投资费用较低。

（二）局部照明

局部照明是指局限于工作部位的、固定的、或移动的照明，对于局部地点需要高照度并对照射方向有要求时宜采用局部照明。

（三）混合照明

混合照明是指一般照明与局部照明共同组成的照明。对于工作部位需要较高照度并对照射方向有特殊要求的场所，宜采用混合照明。混合照明的优点是可以在工作平面、垂直和倾斜表面上，获得高的照度，易于改善光色，减少装置用电功率和节约运行费用。

二、照明种类

（一）工作照明

工作照明是指用来保证在照明场所正常工作时所需的照度适合视力条件的照明。

（二）事故照明

事故照明是指当工作照明由于电气事故而熄灭后，为了继续工作或从房间内疏散人员而设置的照明。由于工作中断或误操作会引起爆炸、火灾、人身伤亡等严重事故或生产秩序长期混乱的场所应有事故照明。如大型的总降压变电所，其照明不应小于这些地点规定照度的 10%。

第二节　导线截面选择

一、选择截面，由以下两个条件决定

（一）允许最大电压损失

照明线路最大允许电压损失百分数，自变压器低压侧，至最远的一盏灯的电压，不应低于额定电压的 97.5%，亦即允许电压损失为 2.5%。

（二）考虑导线机械强度，须按允许的最小截面选择。如照明用灯头线，室内民用建筑铜芯软线和铜线的最小芯线截面为

$0.4mm^2$ 和 $0.5mm^2$。室内工业建筑则为 $0.5mm^2$ 和 $0.8mm^2$。

二、还应按以下条件进行校验

（一）负荷电流不应大于导线长期允许电流照明线路的计算负荷，是以该线路连接的照明器具（包括插座）的容量，再乘以需要系数。

$$P_F = K_c \times P_d$$

式中　P_d——线路上装灯容量（kW）

　　　K_c——需要系数，取 $0.6\sim1.0$。

当三相负荷不平衡时，按最大一相负荷计算三相负荷：

$$P_s = 3K_c \times P_{dz}$$

式中　P_{dz}——最大一相的装灯容量（kW）。

当采用日光灯等气体电灯时，有镇流器的还要计算其功率损耗，一般较灯管容量增大 20%。

（二）导线截面应不小于保护设备（熔断器或空气开关）所允许的最小截面。

第三节　照明设备的安装

一、几种照明灯具的优缺点及适用场所

表 8-1　几种照明灯具的优缺点及适用场所

光源名称	功率范围（W）	发光效率（%）	平均寿命（h）	优　点	缺　点	适用场所
白炽灯	15~1000	7~16	1000	结构简单、使用方便，价格便宜	效率低，寿命较短	适用于照度要求较低，开关次数频繁及室内外场所

光源名称	功率范围（W）	发光效率（%）	平均寿命（h）	优点	缺点	适用场所
碘钨灯	50～200	19～21	1500	效率高于白炽灯，光色好，寿命较长	灯座温度高，安装要求高，偏角不得大于4度，价格贵	适用于照度要求较高、悬挂高度较高的室内、外照明
荧光灯	20～100	40～60	3000	效率高，寿命短，发光表面的亮度和温度低	功率因数低，需镇流器、启辉器等附件	适用于照度要求较高、需辨别色彩的室内照明
高压水银灯（镇流器式）	50～100	35～50	5000	效率高，寿命长，耐振动	功率因数低，需要镇流器，启动时间长	适用于悬挂高度较高的大面积室内外照明
高压水银灯（自镇流式）	50～100	22～30	3000	效率高，寿命长，安装简单，光色好	再启动时间长，价格贵	
氙灯	1500～20000	20～37	1000	功率大，光色好，亮度大	价格贵，需要镇流器和触发器	适用于广场、建筑工地、体育馆照明
钠铊铟灯	400～1000	60～80	2000	效率高，亮度大，体积小，质量轻	价格贵，需要镇流器触发器	适用于工厂、车间、广场、车站、码头的照明

二、照明开关的安装要求

（一）扳把开关距地面高度一般为 1.2～1.4m，距门框为 150～200mm。

（二）拉线开关距地面一般为 2.2～2.8m，距门框为 150～200mm。

（三）多尘潮湿场所和户外应用防水瓷质拉线开关或加装保

护箱。

（四）在易燃、易爆和特别场所，开关应分别采用防爆型、密闭型的，或安装在其他场所控制。

（五）暗装的开关及插座装牢在开关盒内，开关盒应有完整的盖板。

（六）密闭式开关，保险丝不得外露，开关应串接在相线上，距地面的高度为 1.4m。

（七）仓库的电源开关应安装在库外，以保证库内不工作时库内不充电。单极开关应装在相线上，不得装在零线上。

（八）当电器的容量为 0.5kW 以下的电感性负荷（如电动机）或 2kW 以下的电阻性负荷（如电热、白炽灯）时，允许采用插销代替开关。

三、照明开关的选型

照明开关种类很多。选择时应从实用、质量、美观、价格等几个方面考虑。常用的开关有拉线开关、扳动开关、跷板开关、钮子开关、防雨开关等。还有节能型开关、触摸延时开关、声光控延时开关等。

触摸式延时开关一般做成壁式开关，面板上有触摸板和发光二极管，手触及触摸板后，灯亮一段时间后自动关灯。

声光控延时开关是在上述延时电路中再增加音频放大电路和光控电路而成。它白天关灯，晚间靠行人脚步声启动开关，延时一段时间后自动关灯。

照明总开关可采用 HY122 型带明显断口的模数化隔离开关，代替胶盖瓷底 HK2 型刀开关。也可采用 XA10 型断路器，它具有短路和过载保护功能。

分路总开关可采用 DZ30F$_1$-32 型双极塑壳断路器，额定电流有 6A、10A、16A、20A、25A、32A 六种。分路也可用熔丝加以控制。如采用 HG30 熔断器式隔离器。C45 系列微型断路器也有过载和短路保护功能。

四、插座的安装要求

（一）不同电压的插座应有明显的区别，不能互用。

（二）凡为携带式或移动式电器用的插座，单相应用三眼插座，三相应用四眼插座，其接地孔应与接地线或零线接牢。

（三）明装插座距地面不应低于 1.8m，暗装插座距地面不应低于 30cm，儿童活动场所的插座应用安全插座，或高度不低于 1.8m。

五、灯具的安装要求

（一）白炽灯、日光灯等电灯吊线应用截面不小于 0.75mm² 的绝缘软线。

（二）照明每一回路配线容量不得大于 2kW。

（三）螺口灯头的安装，在灯泡装上后，灯泡的金属螺口不应外露，且应接在零线上。

（四）照明 220V 灯具的高度应符合下列要求：

1. 潮湿、危险场所及户外不低于 2.5m。

2. 生产车间、办公室、商店、住房等一般不应低于 2m。

3. 灯具低于上述高度，而又无安全措施的车间照明以及行灯、机床局部照明灯应使 36V 以下的安全电压。

4. 露天照明装置应采用防水器材，高度低于 2m 应加防护措施，以防意外触电。

（五）碘钨灯、太阳能灯等特殊照明设备，应单独分路供电，不得装设在易燃、易爆物品的场所。

（六）在有易燃、易爆、潮湿气体的场所，照明设施应采用防爆式、防潮式装置。

六、安装照明设备的注意事项

（一）安装照明设备，应注意下列事项：

1. 一般照明应采用不超过 250V 的对地电压。

2. 照明灯须用安全电压时，应采用一、二次线圈分开的变压器，不许用自耦变压器。

3. 行灯必须带有绝缘手柄及保护网罩，禁止采用一般灯口，手柄处的导线应加绝缘套管保护。

4. 各种照明灯，根据工作需要应有一定形式的聚光设备，不得用纸片、铁片等代替，更不准用金属丝在灯口处捆绑。

5. 安装户外照明灯时，如其高度低于 3m，应加保护装置，同时应尽量防止风吹而引起摇动。

（二）照明工程的一般技术要求：

1. 室内、室外配线，应采用电压不低于 500V 的绝缘导线。

2. 下列场所应采用金属管配线：有易燃易爆危险的场所；重要仓库。

3. 腐蚀性场所配线，应采用全塑制品，所有接头处应密封。

4. 各种明配线工程的位置，应便于检查和维修。线路水平敷设时，距离地面高度不应低于 2.5m，垂直敷设时不应低于 1.8m。个别线段低于 1.8m 时，应穿管或采取其他保护措施。

第四节　照明电路故障的检修

照明电路的常见故障主要有断路、短路和漏电三种。

一、断路

产生断路的原因主要是熔丝熔断，线头松脱、断线，开关没有接通，铝线接头腐蚀等。

如果一个灯泡不亮而其他灯泡都亮，应首先检查是否灯丝烧断。若灯丝未断，则应检查开关和灯头是否接触不良、有无断线等。为了尽快查出故障点，可用试电笔测灯座（灯口）的两极是否有电，若两极都不亮说明相线断路；若两极都亮（带灯泡测试），说明中性线（零线）断路；若一极亮一极不亮，说明灯丝未接通。对于日光灯来说，还应对其启辉器进行检查。

如果几盏电灯都不亮，应首先检查总保险是否熔断或总闸是否接通。也可按上述方法及试电笔判断故障点在总相线还是总零线上。

二、短路

造成短路的原因大致有以下几种：

（一）用电器具接线不好，以至接头碰在一起。

（二）灯座或开关进水，螺口灯头内部松动或灯座顶芯歪斜，造成内部短路。

（三）导线绝缘外皮损坏或老化损坏，并在零线和相线的绝缘处碰线。

发生短路故障时，会出现打火现象，并引起短路保护动作（熔丝烧断）。当发现短路打火或熔丝熔断时，应先查出发生短路的原因，找出短路故障点，并进行处理后再更换保险丝，恢复送电。

三、漏电

因相线绝缘损坏接地、用电设备内部绝缘损坏外壳带电等，均会造成漏电。漏电不但造成电力浪费，还可能造成人身触电伤亡事故。

漏电保护装置一般采用漏电开关。当漏电电流超过整定电流值时，漏电保护器动作，切断电路。若出现漏电保护动作时，应查出漏电接地点并进行绝缘处理后再通电。

照明线路的接地点多发生在穿墙部位和靠近墙壁或天花板等部位。查找接地点时，应注意查找这些部位。

漏电查找方法：

（一）首先判断是否确实漏电。可用绝缘电阻表摇测，看其绝缘电阻值的大小，或在被检查建筑物的总刀闸上接一只电流表，接通全部电灯开关，取下所有灯泡，进行仔细观察。若电流表指针摇动，则说明漏电。指针偏转的多少，取决于电流表的灵敏度和漏电电流的大小。若偏转多则说明漏电大。确定漏电后可按下一步继续进行检查。

（二）判断是火线与零线之间的漏电，还是相线与大地间的漏电，或者是两者兼而有之。以接入电流表检查为例，切断零线，观察电流的变化：电流表指示不变，是相线与大地之间漏电；电流表指示为零，是相线与零线之间漏电；电流表指示变小但不为零，则表明相线与零线、相线与大地之间均有漏电。

（三）确定漏电范围。取下分路熔断器或拉下刀闸开关，电流表若不变化，则表明是总线漏电；电流表指示为零，则表明是分路漏电；电流表指示变小但不为零，则表明总线与分路均有漏电。

（四）找出漏电点。按前面介绍的方法确定漏电的分路或线段后，依次拉断该线路灯具的开关，当拉断某一开关时，电流表指针回零或变小，若回零则是这一分支线漏电，若变小则除该分支漏电外还有其他漏电处；若所有灯具开关都拉断后，电流表指针仍不变，则说明是该段干线漏电。

依照上述方法依次把故障范围缩小到一个较短线段或小范围之后，便可进一步检查该段线路的接头，以及电线穿墙处等有否漏电情况。当找到漏电点后，应及时处理。

第五节 施工现场照明的技术要求

一、一般规定

（一）在坑、洞、井内作业、夜间施工或厂房、道路、仓库、办公室、食堂、宿舍、料具堆放场及自然采光差等场所，应设一般照明、局部照明或混合照明。

在一个工作场所内，不得只设局部照明。停电后，操作人员需及时撤离施工现场，必须装设自备电源的应急照明。

（二）现场照明应采用高光效、长寿命的照明光源。对需大面积照明的场所，应采用高压汞灯、高压钠灯或混光用的卤钨灯等。

（三）照明器的选择必须按下列环境条件确定：

1. 正常湿度一般场所，选用开启式照明器；

2. 潮湿或特别潮湿场所，选用密闭型防水照明器或配有防水灯头的开启式照明器；

3. 含有大量尘埃但无爆炸和火灾危险的场所，选用防尘型照明器；

4. 有爆炸和火灾危险的场所，按危险场所等级选用防爆型照明器；

5. 存在较强振动的场所，选用防振型照明器；

6. 有酸碱等强腐蚀介质场所，选用耐酸碱型照明器。

（四）照明器具和器材的质量应符合国家现行有关强制性标准的规定，不得使用绝缘老化或破损的器具和器材。

（五）无自然采光的地下大空间施工场所，应编制单项照明用电方案。

二、照明供电

（一）一般场所宜选用额定电压为 220V 的照明器。

（二）下列特殊场所应使用安全特低电压照明器：

1. 隧道、人防工程、高温、有导电灰尘、比较潮湿或灯具离地面高度低于 2.5m 等场所的照明，电源电压不应大于 36V；

2. 潮湿和易触及带电体场所的照明，电源电压不得大于 24V；

3. 特别潮湿场所、导电良好的地面、锅炉或金属容器内的照明，电源电压不得大于 12V。

（三）使用行灯应符合下列要求：

1. 电源、电压不大于 36V；

2. 灯体与手柄应坚固、绝缘良好并耐热耐潮湿；

3. 灯头与灯体结合牢固，灯头无开关；

4. 灯泡外部有金属保护网；

5. 金属网、反光罩、悬吊挂钩固定在灯具的绝缘部位上。

（四）远离电源的小面积工作场地、道路照明、警卫照明或额定电压为 12～36V 照明的场所，其电压允许偏移值为额定电压值的 $-10\% \sim 5\%$；其余场所电压允许偏移值为额定电压值的 $\pm 5\%$。

（五）照明变压器必须使用双绕组型安全隔离变压器，严禁使用自耦变压器。

（六）照明系统宜使三相负荷平衡，其中每一单相回路上，灯具和插座数量不宜超过 25 个，负荷电流不宜超过 15A。

（七）携带式变压器的一次侧电源线应采用橡皮护套或塑料护套铜芯软电缆，中间不得有接头，长度不宜超过 3m，其中绿/黄双色线只可用作 PE 线使用，电源、插销应有保护触头。

（八）工作零线截面应按下列规定选择：

1. 单相二线及二相二线线路中，零线截面与相线截面相同；

2. 三相四线制线路中，当照明器为白炽灯时，零线截面不小于相线截面的 50%；当照明器为气体放电灯时，零线截面按最大负载相的电流选择；

3. 在逐相切断的三相照明电路中，零线截面与最大负载相相线截面相同。

三、照明装置

（一）照明灯具的金属外壳必须与 PE 线连接，照明开关箱内必须装设隔离开关、短路与过载保护电器和漏电保护器。

（二）室外 220V 灯具距地面不得低于 3m，室内 220V 灯具距地面不得低于 2.5m。

普通灯具与易燃物距离不宜小于 300mm；聚光灯、碘钨灯等高热灯具与易燃物距离不宜小于 500mm，且不得直接照射易燃物。达不到规定安全距离时，应采取隔热措施。

（三）路灯的每个灯具应单独装设熔断器保护。灯头线应做防水弯。

（四）荧光灯管应采用管座固定或用吊链悬挂。荧光灯的镇流器不得安装在易燃的结构物上。

（五）碘钨灯及钠、铊、铟等金属卤化物灯具的安装高度宜在 3m 以上，灯线应固定在接线柱上，不得靠近灯具表面。

（六）投光灯的底座应安装牢固，应按需要的光轴方向将枢轴拧紧固定。

（七）螺口灯头及其接线应符合下列要求：

1. 灯头的绝缘外壳无损伤、无漏电；

2. 相线接在与中心触头相连的一端，零线接在与螺纹口相连的一端。

（八）灯具内的接线必须牢固，灯具外的接线必须做可靠的防水绝缘包扎。

（九）暂设工程的照明灯具宜采用拉线开关控制，开关安装位置宜符合下列要求：

1. 拉线开关距地面高度为 2～3m，与出入口的水平距离为 0.15～0.2m，拉线的出口向下；

2. 其他开关距地面高度为 1.3m，与出入口的水平距离为 0.15～0.2m。

（十）灯具的相线必须经开关控制，不得将相线直接引入灯具。

（十一）对夜间影响飞机或车辆通行的在建工程及机械设备，必须设置醒目的红色信号灯，其电源应设在施工现场总电源开关的前侧，并应设置外电线路停止供电时的应急自备电源。

第九章　外电防护

第一节　施工现场的外电防护

一、外电线路防护

根据《施工现场临时用电安全技术规范》（JGJ 46—2005）规定，在建工程现场的各种设施与外电线路之间的安全距离如下：

（一）在建工程不得在外电架空线路正下方施工、搭设作业棚、建造生活设施或堆放构件、架具、材料及其他杂物等。

（二）在建工程（含脚手架）的周边与外电架空线路的边线之间的最小安全操作距离应符合表 9-1 规定，如图 9-1 所示。

**表 9-1　在建工程（含脚手架）的外侧边缘与外电架空线路的
边缘之间的最小安全距离**

外电线路电压（kV）	1 以下	1～10	35～110	154～220	330～500
最小安全距离（m）	4	6	8	10	15

注：上下脚手架的斜道不宜设在有外电线路的一侧。

（三）施工现场的机动车道与外电架空线路交叉时，架空线路的最低点与路面的最小垂直距离应符合表 9-2 规定，如图 9-1、图 9-2 所示。

表 9-2　施工现场的机动车道与外电架空线路交叉时的最小垂直距离

外电线路电压（kV）	1 以下	1～10	35
最小安全距离（m）	6	7	7

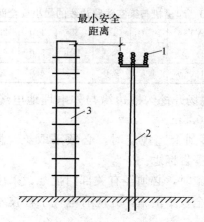

图 9-1　外电架空线路电杆最小安全距离

1—外电架空线路；2—外电架空线路电杆；3—在建工程

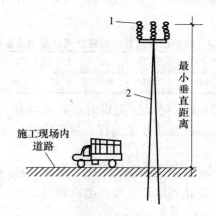

图 9-2　外电架空线路电杆最小垂直距离

1—外电架空线路；2—外电架空线路电杆

211

（四）起重机严禁越过无防护设施的外电架空线路作业。在外电架空线路附近吊装时，起重的任何部位或被吊物边缘在最大偏斜时与架空线路边线的最小安全距离应符合表 9-3 规定。

表 9-3 起重机与架空线路边线的最小安全距离

外电线路电压（kV）		<1	10	35	110	220	330	500
安全距离	沿垂直方向（m）	1.5	3.0	4.0	5.0	6.0	7.0	8.5
	沿水平方向（m）	1.5	2.0	3.5	4.0	6.0	7.0	8.5

（五）施工现场开挖沟槽边缘与外电埋地电缆沟槽边缘之间的距离不得小于 0.5m。

（六）当达不到上述规定时，必须采取绝缘隔离防护措施，并应悬挂醒目的警告标志。

架设防护设施时，必须经有关部门批准，采用线路暂时停电或其他可靠的安全技术措施，并应有电气工程技术人员和专职安全人员监护。

防护设施与外电线路之间的安全距离不应小于表 9-4 所列数值。防护设施应坚固、稳定，且对外电线路的隔离防护应达到 IP30 级。

表 9-4 防护设施与外电线路之间的最小安全距离

外电线路电压等级（kV）	≤10	35	110	220	330	500
最小安全距离（m）	1.7	2.0	2.5	4.0	5.0	6.0

（七）当上述要求仍无法实现时，必须与有关部门协商，采取停电、迁移外电线路或改变工程位置等措施，未采取上述措施的严禁施工。

（八）在外电架空线路附近开挖沟槽时，必须会同有关部门采取加固措施，防止外电架空线路电杆倾斜。

二、电气设备防护

（一）电气设备现场周围不得存放易燃易爆物、污染源和腐蚀介质，否则应予清除或做防护处置，其防护等级必须与环境条件相适应。

（二）电气设备设置场所应能避免物体打击和机械损伤，否则应做防护设置。

第二节　雷电的种类及危害

一、雷电的种类

雷电大体可以分为直击雷、雷电感应、球雷、雷电侵入波等。

二、雷电的危害

（一）雷电的破坏作用

雷电有很大的破坏力，可损坏设备或设施，危及到人的生命安全。雷电有三方面的破坏作用，表现形式为雷击。

1. 电性质的破坏作用：雷电产生的数十万至数百万伏的冲击电压，可能损坏电气设备的绝缘，烧断电线或劈裂电杆，造成火灾或爆炸事故。电气设备的绝缘损坏还会造成高压窜入低压，而引起触电事故。巨大的雷电电流流入地下时，可能造成跨步电压或接触电压。

2. 热性质的破坏作用：巨大的雷电流通过导体，在极短时间内会产生大量热能，造成易燃易爆物燃烧和爆炸，或者由于金属熔化飞溅而引起火灾和爆炸事故。

3. 机械性质的破坏作用：当雷电通过被击物时，在被击物缝隙中的气体剧烈膨胀，缝隙中的水分剧烈蒸发，致使被击物破坏或爆炸。此外，雷击时所产生的静电斥力、电磁推力以及雷击时的气浪都有相当大的破坏作用。

（二）易遭受雷击的建筑物和构筑物

1. 高耸建筑物的尖形屋顶、金属屋面、砖木结构建筑物。

2. 空旷地区的孤立物体，河、湖边及土山顶部的建筑物。

3. 露天的金属管道和室外堆放大量金属物品仓库。

4. 山谷风口的建（构）筑物。

5. 建筑物群中高于 25m 的建筑物和构筑物。

6. 地下水露头处、特别潮湿处、地下有导电矿藏处或土壤电阻率较小处的建筑物。

7. 烟囱排出的烟气含有大量的导电物质和游离分子团。

（三）分类

工业建筑物和构筑物，按照其生产性质及发生雷击事故的可能性和后果可分以下三类：

1. 由于使用或贮存爆炸危险物质（如火药、炸药、起爆药等），电火花能引起强烈爆炸，造成巨大破坏和人身伤亡。如制造火药的建筑物、乙炔站、电石库及汽油提炼车间等。

2. 虽然使用和贮存危险物质，但电火花不易引起爆炸，或不致造成巨大破坏和人身伤亡。如油漆制造车间、氧气站及易燃品库等。

3. 除上述两类建（构）筑物外，凡需防雷的建（构）筑物，包括多雷区较为重要的以及其他易受雷击的建（构）筑物。

第三节　防雷装置与防雷措施

一、防雷装置

完整的防雷装置包括接闪器、引下线、避雷器和接地装置。

（一）接闪器

避雷针、线、网、带都可作为接闪器。这些接闪器是利用其高出被保护物的突出地位把雷电引向自身，然后通过引下线和接地装置把雷电流导入大地，使被保护物免受雷击。

接闪器所用金属材料及尺寸应能满足机械强度和耐腐蚀的要求，还要有足够的热稳定性，以能承受雷电流的热破坏作用。避雷针一般用镀锌圆钢或钢管制成。针长 1m 以下者，圆钢直径不得小于 12mm，钢管直径不得小于 20mm；针长 1～2m 者，圆钢直径不得小于 16mm，钢管直径不得小于 25mm。装设在烟囱上方时，由于烟气有腐蚀作用，宜采用直径 20mm 以上的圆钢。

避雷线一般采用截面积不小于 $35mm^2$ 的镀铸钢绞线。

避雷网和避雷带采用镀锌圆钢或扁钢。圆钢直径不得小于 5mm，扁钢厚度不得小于 4mm，截面不得小于 $48mm^2$。装设在烟囱上方时，圆钢直径不得小于 $12mm^2$，扁钢厚度仍不得小于 4mm，但截面不得小于 $100mm^2$。

（二）避雷器

避雷器有阀型避雷器、管型避雷器等，是用来保护电力设备、防止高电压冲击波侵入的安全措施。

保护原理是将避雷器装设在被保护物的引入端，其上端接在线路上，下端接地，正常时避雷器的间隙保持绝缘状态，不影响系统运行。当雷击的高压冲击波袭来时，避雷器因间隙击穿而接地，从而强行切断了高压冲击波。雷电流通过后，避雷器间隙又恢复到绝缘状态，以使系统正常运行。

（三）引下线

防雷装置的引下线应满足机械强度、耐腐蚀和热稳定性的要求。

引下线常采用圆钢或扁钢制成，圆钢直径一般为 8mm（装在烟囱上的引下线不应小于 12mm），扁钢尺寸为 48mm×4mm（装在烟囱上的引下线不应小于 100mm×4mm），沿建筑物外墙明敷时，圆钢直径不小于 10mm，扁钢尺寸为 25mm×4mm。如果采用钢绞线作引下线，其截面积不应小于 25mm²。

引下线应取最短的途径，避免弯曲，建筑物的金属构件（如消防梯等）可作为引下线，但所有金属构件之间均应连成电气通路。地面上 1.7m 至地面以下 0.3m 的一段引下线应加保护管，采用金属保护管时，应与引下线连接起来，以减小通过雷电流时的电抗。

如果建筑物屋顶没有多支互相连接的避雷针、线、网、带，其引下线不得少于两根，其间距不得大于 18～30m。

为了便于测量接地电阻和检查引下线，在各引下线距地面 1.8m 以下的一处应设置断接卡。

引下线应进行防腐处理，禁止使用铝导线作引下线。引下线截面锈蚀 30% 以上时应更换。

（四）接地装置

防雷接地装置与一般接地装置的要求大体相同，但所用材料尺寸应稍大于其他接地装置的尺寸。

防雷接地电阻一般是指冲击电阻。接地电阻值的要求视防雷种类、建筑物的类别而定。

防直击雷接地电阻对工业一类、二类建（构）筑物不得大于 10Ω。对工业三类建（构）筑物不得大于 30Ω。防雷电感应的接地电阻不大于 10Ω，防雷电侵入波的接地电阻不大于 30Ω。阀型避雷器的接地电阻不大于 10Ω。

二、防雷措施

根据不同的保护设施，对直击雷、雷电感应、雷电侵入波均应采取相应的防雷措施。

（一）防直击雷

各类工业、民用建（构）筑物易受雷击的部位，均应采取防直击雷措施。

有爆炸或火灾危险的露天设备（如露天油罐、贮气罐等）、高压架空电力线路、发电厂和变配电站等，均应采取防直击雷措施。

装设避雷针、避雷线、避雷网、避雷带，是防止直击雷的主要措施。

（二）防雷电感应

雷电感应（特别是静电感应）能产生很高的冲击电压，在电力系统中应与其他过电压同样考虑，在建（构）筑物中，主要考虑由雷击引起的火灾和爆炸事故。

为了防止静电感应产生的高电压，应将建筑物内的金属管道、金属设备结构的钢筋等接地，接地装置可与其他接地装置共用。

为防止电磁感应，平行管道相距不到 10mm 时，每 20～30m 处须用金属线跨接，交叉管道相距不到 100mm 时，也应用金属线跨接，管道接头、弯头等接触不可靠的部位，也应用金属线跨接，其接地装置可与其他接地装置共用。

（三）变配电所的过电压保护

1. 变配电所的电气设备、架构、建筑等应装设防避直击雷保护装置。避雷针是防避直击雷的有效措施之一，可以按其安装和接地方式不同而选择独立针或架构针两种。

2. 变配电所进线段的防雷保护是利用架空地线以及在母线上装设阀型避雷器。

3. 变配电所的绝缘配合，就是指阀型避雷器的伏安特性与被保护设备绝缘的伏安特性的互相配合，亦是变配电所中所有设备的绝缘均应受到避雷器的保护。

4. 变配电所内部过电压的保护。

变配电所内部过电压包括操作过电压、工频过电压和谐振过电压。工频过电压对系统电气设备的绝缘无大危险，但是操作过电压是在工频过电压的基础上发展的。

第十章　电工仪表

第一节　电工仪表基本知识

一、电工仪表种类

（一）按照工作原理，电工仪表分为磁电式、电磁式、电动式、感应式等仪表。

磁电式仪表由固定的永久磁铁、可转动的线圈及转轴、游丝、指针、机械调零机构等组成。线圈位于永久磁铁的极靴之间。当线圈中流过直流电流时，线圈在永久磁铁的磁场中受力，并带动指针、转轴克服游丝的反作用力而偏转。当电磁作用力与反作用力平衡时，指针停留在某一确定位置，刻度盘上给出一相应的读数。机械调零机构用于校正零位误差，在没有测量讯号时借以将仪表指针调到指向零位。磁电式仪表的灵敏度和精确度较高、刻度盘分度均匀。磁电式仪表必须加上整流器才能用于交流测量，而且过载能力较小。磁电式仪表多用来制作携带式电压表、电流表等表计。

电磁式仪表由固定的线圈、可转动的铁芯及转轴、游丝、指针、机械调零机构等组成。铁芯位于线圈的空腔内。当线圈中流过电流时，线圈产生的磁场使铁芯磁化。铁芯磁化后受到磁场力的作用并带动指针偏转。电磁式仪表过载能力强，可直接用于直流和交流测量。电磁式仪表的精度较低，刻度盘分度不均匀，容易受外磁场干扰，结构上应有抗干扰设计。电磁式仪表常用来制作配电柜用电压表、电流表等表计。

电动式仪表由固定的线圈、可转动线圈及转轴、游丝、指针、机械调零机构等组成。当两个线圈中都流过电流时，可转动线圈受力并带动指针偏转。电动式仪表可直接用于交、直流测量，精度较高。电动式仪表制作电压表或电流表时，刻度盘分度不均匀（制作功率表时，刻度盘分度均匀）；结构上也应有抗干扰设计。电动式仪表常用来制作功率表、功率因数表等表计。

感应式仪表由固定的开口电磁铁、永久磁铁、可转动铝盘及转轴、计数器等组成。当电磁铁线圈中流过电流时，铝盘里产生涡流，涡流与磁场相互作用使铝盘受力转动，计数器计数。铝盘转动时切割永久磁铁的磁场产生反作用力矩。感应式仪表用于计量交流电能。

（二）按精确度等级，电工仪表分为 0.1、0.2、0.5、1.0、1.5、2.5、4.0 等七级。仪表精确度 $K\%$ 引用相对误差表示，如下式所示，式中 Δm 和 Am 分别为最大绝对误差和仪表量限。例如，0.5 级仪表的引用相对误差为 0.5%。

$$K\% = |\Delta m| / Am \times 100\%$$

（三）按照测量方法，电工仪表主要分为直读式仪表和比较式仪表。前者根据仪表指针所指位置从刻度盘上直接读数，如电流表、万用电表、兆欧表等。后者是将被测量值与已知的标准值进行比较来测量，如电桥、接地电阻测量仪等。

此外，按读数方式可分为指针式、光标式、数字式等仪表；按安装方式可分为携带式和固定安装式仪表；按防护形式还可分为若干等级。

二、电工仪表常用符号

为了便于使用了解仪表的性能和使用范围，在仪表的刻度盘上标有一些符号。电工仪表的常用符号见表10-1。

表 10-1　电工仪表的常用符号

型号	符号内容	型号	符号内容	型号	符号内容	型号	符号内容
	磁电式仪表	1.5	精度等级 1.5 级		电磁式仪表	‖‖	外磁场防护等级三级
	电动式仪表	2	耐压试验 2kV		整流磁电式仪表		水平放置使用
✕	磁电比率式仪表		垂直安装使用	⊙	感应式仪表	60°	倾斜 60° 安装使用

第二节　电流和电压的测量

一、电流的测量

（一）仪表形式和量程的选择

1. 测量直流时，可使用磁电式、电磁式或电动式仪表，由于磁电式的灵敏度和准确度最高，所以使用最为普遍。

2. 测量交流时，可使用电磁式、电动式或感应式等仪表，其中电磁式应用较多。

3. 要根据待测电流的大小来选择适当的仪表，例如安培表、毫安表或微安表。使被测的电流处于该电表的量程之内，如被测的电流大于所选电流表的最大量程，电流表就有因过载而被烧坏的危险。因此，在测量之前，要对被测电流的大小有个估计。或先使用较大量程的电流表来试测，然后，再换用适当量程的仪表。

（二）测量电流的接线

1. 直流电流的测量：测量直流电流时，要注意仪表的极性和量程（图 10-1）。在用带有分流器的仪表测量时，应将分流器的电流端钮（外侧二个端钮）接入电路中（图 10-2），图 10-1 所示电流表直接接入法由表头引出的外附定值导线应接在分流器的电位端钮上。

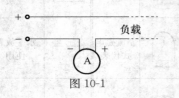

图 10-1

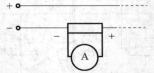

图 10-2　带有分流器的接入法

2. 交流电流的测量：测量单相交流电的接线如图 10-3 所示。在测量大容量的交流电时，常借助于电流互感器来扩大电表的量程，其接线方式如图 10-4 所示。电流表的内阻越小，

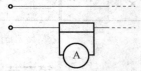

图 10-3　电流表直接接入法

测出的结果越准确。例如 C30-A 型 0.1 级船用仪表，量程为 $0\sim$ 3A 挡的内阻只有 0.025Ω。

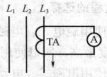

图 10-4　通过电流互感器测量交流电流的接线图

二、电压的测量

（一）电压表的形式和量程的选择

电压表和电流表在结构上基本上是一样的，只是仪表的附加装置和在电路中的接法有所不同。电压表的选择方式与电流表的

选择方式相同。例如，根据被测电压的大小，选用伏特表或毫伏表。工厂内低压配电装置的电压一般为 380/220V，所以，在进行测量时，应使用量程大于 450V 的仪表，如不当心，选用量程低于被测电压的仪表，就可能使仪表损坏。

（二）接线方式

测量电路的电压时，应将电压表并联在被测电压的两端，如图 10-5 所示。使用磁电式仪表测量直流电压时，还要注意仪表接线钮上的"＋""－"极性标记，不可接错。

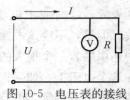

图 10-5　电压表的接线

600V 以上的交流电压，一般不直接接入电压表。工厂中变压系统的电压，均要通过电压互感器，将二次侧的电压变换到 100V 进行测量。其接线法如图 10-6 所示。电压表的内阻越大，所产生的误差越小，准确度越高。例如 C50-V 型 0.1 级直流电压表的内阻约为 $1k\Omega/V$。

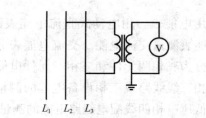

L_1　L_2　L_3

图 10-6　通过电压互感器测量单相交流电压的接线图

第三节　功率的测量

由于交流电功率 $P=UI\cos\phi$，所以一定要用电动式或感应式瓦特表来测量，而不能用一个电压表和一个电流表来测量，由于电动式或感应式瓦特表的指针偏转角是与 $UI\cos\phi$ 成正比的，所以，可以用来测量交流电功率。

使用瓦特表的注意事项：

在测量中，可能出现一种情况，即瓦特表的接法是正确的，那指针却反转，这是由于功率的实际输送方向与预期的方向相反的缘故，这时应把电流线圈的两端换接一下，以便取得正的读数。但是，不应该去换接电压线圈的两个端线。因为，电压线圈中还串联着一个很大的附加电阻 R，线间电压的绝大部分都分配在这个电阻上，如果把电压线圈的两个端线一换接，则两个线圈的端电位差将等于电路的电压，由于这两个线圈的位置是很靠近的，在这种电压下，可能引起线圈绝缘损坏。同时，由于两个不同电位的线圈之间将出现静电作用而使测量结果的误差增大。

第四节　电能的测量

测量电能使用电能表，用电动式直流电能表测量直流电能，用感应式交流电能表测量交流电能。交流电能表分单相、三相两种。三相电能表分为三相两元件和三相三元件电能表。三相两元件电能表用于三相三线线路或三相设备电能的测量；三相三元件电能表主要用于低压三相四线配电线路电能的测量。

一、电能表测量原理和技术参数

（一）组成和原理

电能表由驱动机构、制动元件和积算机构组成。驱动机构主要包括固定的电压电磁铁、电流电磁铁和可转动的铝盘。制动元件主要指卡着铝盘装置的永久磁铁。积算机构包括铝盘转轴上的蜗杆及蜗轮、计数器等元件。

　　图 10-7 是电能表原理示意图。电压电磁铁的线圈与电路并联，获取电路的电压讯号；电流电磁铁的线圈与电路串联，获取电路的电流讯号。图中，I_U 是电压线圈中的电流、ϕ_U 是电压电磁铁产生的磁通、ϕ_1是电流电磁铁产生的磁通、也是永久磁铁产生的磁通。下面设电流 I 与电压 U 同相，分析其驱动过程。图 10-7（a）中，E_{RU} 和 I_{RU} 即是由电压磁通 ϕ_U 感应发生的感应电动势和涡流。I_{RU} 与 E_{RU} 即同相，E_{RU} 落后 $\phi_U 90°$，ϕ_U 与电压 I_U 同相，I_U 又落后 $U90°$。因此，I_{RU} 落后 $U180°$。即 I_{RU} 的实际方向与图示方向正好相反。根据左手定则，可求得电流 I_{RU} 与磁通 ϕ_1 相互作用使铝盘受到逆时针方向的驱动力矩 M_{D1} 和 M'_{D1}。

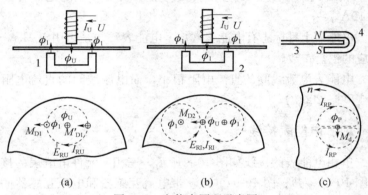

图 10-7　电能表原理示意图

1—电压电磁表；2—电流电磁表；3—铝盘；4—永久磁铁

　　图 10-7（b）中，E_{RI} 和 I_{RI}是由电流磁通 ϕ_1感应产生的感应电动势和涡流。I_{RI} 与 E_{RI}同相，E_{RI} 落后 $\phi_1 90°$；另一方面，ϕ_u 与电压 I_U 同相，I_U 又落后 $U90°$。因此，I_{RI} 与 ϕ_u 同相。显然，电流 I_{RI} 与磁通 ϕ_u 相互作用也使铝盘受到逆时针方向的驱动力矩 M_{D2}。

　　可以证明，铝盘所受到的总驱动力矩与电压、电流及功率因数的乘积，是与有功功率成正比的。

225

图 10-7（c）表示，当铝盘切割永久磁铁的磁力线时，铝盘内产生感应电流 I_{RP}，I_{RP} 与 ϕ_P 相互作用产生阻力力矩 M_d。由于阻力力矩的存在，铝盘的转速与电路的有功功率成正比。

（二）主要技术参数

单相电能表的额定电压表为 220V。三相电能表的额定电压为 380V（三相两元件）、380/220V（三相四元件）及 110V（高压计量用）。

电能表的额定电流有 1A、2A、3A、5A、10A 等很多等级。凡类似 5（10）A 标志者，括号外数字表示该电能表额定电流为 5A；括号内数字表示该电表改变内部接线后其额定电流可扩大为 10A。

电能表上都标志有电能表常数。电能表常数是每用电 1kW·h 对应的铝盘转数。

电能表电流线圈的直流电阻很小，而电压线圈的直流电阻约为 1000～2000Ω。

二、电能表接线

单相电能表的接线如图 10-8 所示，三相三元件电能表的接线见图 10-9（左）、图 10-9（中），带电流互感器和电压互感器的三相两元件有功电能表的接线见图 10-9（右），接线时应注意分清接线端子及其首尾端；三相电能表按正相序接线；经互感器接线者极性必须正确；电压线圈连接线应采用 1.5mm² 绝缘铜线、电流线圈连接线直入者应采用与线路导电能力相当的绝缘铜线（6mm² 以下者用单股线）、经电流互感器接入者应采用 2.5mm² 绝缘铜线；互感器的二次线圈和外壳应当接地（或接零）；线路开关必须接在电能表的后方。

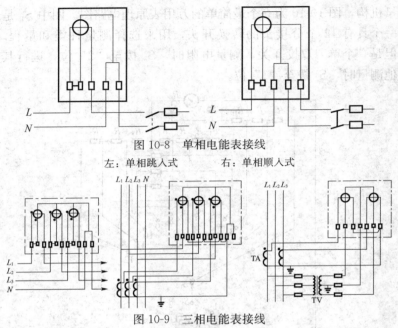

图 10-8　单相电能表接线

左：单相跳入式　　　　　　右：单相顺入式

图 10-9　三相电能表接线

左：三相直入式　中：三相电流互感接入式　右：三相经电流（压）互感器接入式

第五节　万用电表

一、万用表结构及工作原理

　　万用表是电工测量中常用的多用途、多量程的可携式仪表。它可以测量直流电流、直流电压、交流电压、电阻等电量，比较好的万用表还可以测量交流电流、电功率、电感量、电容量等。万用表是电工必备的仪表之一。

　　万用表的结构主要由表头（测量机构）、测量线路、转换开关、电池、面板以及表壳等组成。万用表的表头是一个磁电式测

227

量机构，图 10-10 为一个最简单的万用表原理电路图。图中 S_1 是一个具有 12 个分接头的转换开头，用来选择测量种类和量程。但是一个单刀双投开关，测量电阻时，S_2 拨至"2"位，进行其他测量时，S_2 拨至"1"位。

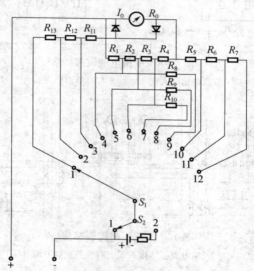

图 10-10　万用电表原理电路图

下面说明万用表的工作原理。

（一）直流电流的测量。测量直流电流时，S_1 可拨在 4、5、6 三个位置，S_2 拨在 1 位置。被测电流从"＋"端流入，"－"端流出。R_1、R_2、R_3、R_4 为并联分流电阻，拨动 S_1 可改变测量电流的量程，这和电流表并联分流电阻扩大量程原理是一样的。

（二）直流电压的测量。测量直流电压时，S_1 可拨在 10、11、12 三个位置，S_2 拨在 1 位置。被测电压加在"＋"、"－"两端，R_5、R_6、R_7 为串联附加电阻，拨动 S_1 就可以得到不同电压测量量程，这和电压表串联附加电阻变换电压量程原理是一样的。

（三）电阻测量。测量电阻时，也可拨在 7、8、9 三个位置，

S_2 应拨在 2 位置，将表内电池接入电路。被测电阻接在万用表的"＋"、"－"端，表头内就有电流通过，拨动 S_1 时，就可以得到不同的量程。如果被测电阻未接入，则输入端开路，表内无电流通过，指针不偏转，所以欧姆挡标度尺的左侧是"∞"符号；如果输入端短路，则被测电阻为 0，此时指针偏转角最大，所以标度尺的右侧是"0"。

万用表中的干电池使用久了或存放时间长了端电压就会下降。这时，如将输入端短接，指针并不指 0，此时，可调节万用表头上的调零电位器，使指针回 0。

（四）交流电压测量。测量交流电压时，S_1 可拨在 1、2、3 三个位置，但在 1 位置。由于磁电式机构只能测量直流，故在测量交流电压时，需把交流变成直流后进行测量。图 10-10 中的两个二极管即为整流器，它使交流电压正半波通过表头，而负半波不通过表头，通过表头的电流为单相脉动电流。R_{11}、R_{12}、R_{13} 为串联附加电阻，拨动 S_1 可以得到不同的电压量程。

二、万用表使用方法及注意事项

由于万用表是多量程的，它的结构形式又是多样的，不同型号的万用表，其面板上的布置也有所不同。因此要做到熟练和正确使用，不但要了解各个调节旋钮的用途和使用方法，而且要熟悉各刻度标尺的用途，才能准确地读出所需测量的数据。

（一）测量前应认真检查表笔位置，红色表笔应接在标有"＋"号的接线柱上（内部电池为负极），黑色表笔应接在标有"－"号的接线柱上（内部电池为正极）。在测量电压时，应并联接入被测电路；在测量电流时应串联接入被测电路。在测量直流电流、电压时，红色表笔应接被测电路正极，黑色表笔应接被测电路负极，以避免因极性接反而造成仪表损坏。有的万用表有交、直流 2500V 测量端钮，专门用来测量较高电压，使用时黑笔仍接在"一"接线柱上，红笔接在 2500V 的接线柱上。

（二）根据测量对象，将转换开关拨到相应挡位。有的万用表有两个转换开关，一个选择测量种类，另一个改变量程，在使用时应先选择测量种类，然后选择量程。测量种类一定要选择准确，如果误用电流或电阻挡去测电压，就有可能损坏表头，甚至造成测量线路短路。选择量程时，应尽可能使被测量值达到表头量程的 1/2 或 2/3 以上，以减小测量误差，若事先不知道被测量的大小，应先选用最大量程试测，再逐步换用适当的量程。

（三）读数时，要根据测量的对象在相应的标尺读取数据。标尺端标有"DC"或"一"标记为测量直流电流和直流电压时用；标尺端标有"AC"或"～"标记是测量交流电压时用；标有"Ω"的标尺是测量电阻专用的。

（四）测量电阻时应注意以下事项：

1. 选择适当的倍率挡，使指针尽量接近标度尺的中心部分，以确保读数比较准确。在测量时，指针在标度尺上的指示值乘以倍率，即为被测电阻的阻值。

2. 测量电阻之前，或调换不同倍率挡后，都应将两表笔短接，调零旋钮调零，调不到零位时应更换电池。测量完毕，应将转换开关拨到交流电压最高挡上或空挡上，以防止表笔短接，造成电池短路放电。同时也防止下次测量时忘记拨挡去测量电压，烧坏表头。

3. 不能带电测量电阻，否则不仅得不到正确的读数，还有可能损坏表头。

4. 用万用表测量半导体元件的正、反向电阻时，应用 $R \times 100$ 挡，不能用高阻挡，以免损坏半导体元件。

5. 严禁用万用表的电阻挡直接测量微安表、检流计、标准电池等类仪器仪表的内阻。

（五）测量电压、电流时注意事项：

1. 要有人监护，如测量人不懂测量技术，监护人有权制止测量工作。

2.测量时人身不得触及表笔的金属部分，以保证测量的准确和安全。

3.测量高电压或大电流时，在量限内拨动转换开关，若不知被测量有多大时，应将量限拨至最高挡，然后逐步向低挡转换。

4.注意被测量的极性，以免损坏。

第六节　绝缘电阻表

测量高值电阻和绝缘电阻的仪表叫绝缘电阻表，曾称为摇表，也称兆欧表。数字式液晶显示表与其他仪表不同的地方是本身带有高压电源，这对测量高压设备的绝缘电阻是十分必要的。

兆欧表主要有 500V、1000V、2500V、5000V 几种，其单位为 MΩ 高压电源，多采用手摇直流发电机提供，也有的采用晶体管直流变换器代替手摇发电机，在使用上更加方便。

一、兆欧表结构原理

兆欧表的结构主要由两部分组成：一部分是手摇直流发电机，另一部分是磁电式流比计测量机构。手摇发电机有离心式调速装置，使转子能以恒定的速度转动，以保持输出稳定。

图 10-11 为具有丁字形线圈的磁电式流比计测量机构图，图中可动线圈 1 和 2 成丁字形交叉放置，并共同固定在转轴上。圆柱形铁芯 5 上开有缺口，且极掌 4 的形状做成不均匀空气隙，使得永久性磁铁 3 产生的磁场不均匀分布。

当兆欧表测量绝缘电阻时，用手摇动发电机使其达到额定转速。此时，发电机发出的电压 U 加在仪表的可动线圈和被测电阻 R_x 上，如图 10-12 所示，可动线圈 1、电阻 R_1 和被测电阻 R_x 串联，可动线圈 2 和 R_2 串联，形成两个并联支路。两个可动线圈的电流分别是：

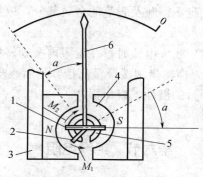

图 10-11　磁电式流比计测量结构图

1、2—可动线圈；3—永久磁铁；4—极掌；5—铁芯；6—指针

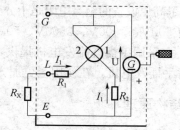

图 10-12　兆欧表原理电路图

$$I_1=U/\ (r_1+R_1+R_2)\ ;\ I_2=U/\ (r_2+R_2)$$

式中，r_1 和 r_2 分别是可动线圈 1 和可动线圈 2 的电阻。

可见，电流 I_1 与被测电阻 R_x 有关，而电流 I_2 与被测电阻 R_x 无关。由于两个绕组绕向相反，当电流 I_1 和 I_2 分别流过两个线圈时，在永久磁场的作用下分别产生两个相反的力矩 M_1（转动力矩）和 M_2（反作用力矩）。当 $M_1=M_2$ 时，仪表可动部分达到平衡，使指针停留在一定的位置上，指示出被测电阻的数值。平衡时指针的偏转角

$$\alpha=F\ (I_1/I_2)\ =F\ [r_2+R_2/\ (r_1+R_1+R_2)]$$

由于 r_1，r_2 和 R_2 都是常数，指针偏转角 α 只随被测电阻 R_2 的大小而改变，而与发电机端电压无关。

二、兆欧表使用方法和注意事项

（一）兆欧表应按被测电气设备的电压等级选用，一般额定电压在 500V 以下的设备，选用 500V 或 1000V 的兆欧表（兆欧表的电压过高，可能在测试中损坏设备的绝缘了）；额定电压在 500V 以上的设备，可选用 1000V 和 2500V 兆欧表；特殊要求的选用 5000V 兆欧表。

（二）兆欧表的引线必须使用绝缘较好的单根多股软线，两根引线不能缠在一起使用，引线也不能与电气设备或地面接触。兆欧表的"线路"L 引线端和"接地"E 引线端可采用不同颜色以便于识别和使用。

（三）测量前，兆欧表应做一次检查。检查时将仪表放平，在接线前，摇动手柄，表针应指到"∞"处。再把接线端瞬时短接，缓慢摇动手柄，指针应指在"0"处。否则为兆欧表有故障，必须检修。

（四）严禁带电测量设备的绝缘，测量前应将被测设备电源断开，将设备引出线对地短路放电（对于变压器、电机、电缆、电容器等容性设备应充分放电），并将被测设备表面擦拭干净，以保证安全和测量结果准确。测量完毕后，也应将设备充分放电，放电前，切勿用于触及测量部分和兆欧表的接线柱，以免触电。

（五）接线时，"接地"E 端钮应接在电气设备外壳或地线上，"线路"L 端钮与被测导体连接。测量电缆的绝缘电阻时，应将电缆的绝缘层接到"屏蔽端子"G 上。如果在潮湿的天气里测量设备的绝缘电阻，也应接到 G 端子上，把它连在绝缘支持物上，以消除绝缘物表面的泄漏电流对所测绝缘电阻值的影响，其接线如图 10-13 所示。

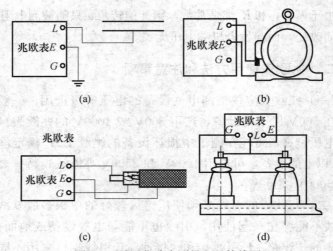

图 10-13　用兆欧表测量电阻接线图

(a) 线路对地的电阻；(b) 电动机的绝缘电阻；

(c) 电缆的绝缘电阻；(d) 变压器的绝缘电阻

（六）测量时，将兆欧表放置平稳，避免表身晃动，摇动手柄，使发电机转速慢慢加快，一般应保持在 120r/min，匀速不变。如果所测设备短路，应立即停止摇动手柄。测量时，绝缘电阻随着时间长短而不同，一般采用 1min 读数为准。在测量容性设备，如电容器、电缆、大容量变压器和电机时，要有一定的充电时间，应等到指针位置不变时再读数。测量结束后，先取下兆欧表测量用引线，再停止摇动摇把。

第七节　钳形电流表

一、钳形电流表用途和结构原理

通常在测量电流时，需将被测电路断开，才能使电流表互感器的一次侧串联到电路中去。而使用钳形电流表测量电流时，可以在不断开电路的情况下进行。钳形电流表是一种可携式仪表，使用时非常方便。

用来测量交流电流的钳形表，是利用电流互感器原理制定的，如图 10-14 所示。它有一个用硅钢片叠成的可以张开和闭合的钳形铁芯 2，在铁芯上绕有二次线圈 4，线圈两端连着电流表 5。在使用时握紧手柄 7，打开钳口，把待测电流的导线 1 从铁芯的钳形开口处引进来，松开手柄，使钳口闭合。这时被测导线就相当于电流互感器的一次绕组，一次电流则可从电流表上读出。这种钳形表通常有几种不同的量程，改变量程选择旋钮 6 的位置可以实现量程的变换。

还有一种交直流两用的钳形表，它是用电磁式测量机构制成的、卡在铁芯钳口中的、被测导线相当于电磁式机构中的线圈，在铁芯中产生磁场，位于铁芯缺口中间的可动铁片受此磁场的作用而偏转，从而带动指针指示出被测电流的数值。

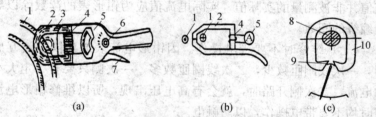

图 10-14　交流钳形电流表外形图和结构原理图

(a) 外形图；(b) 结构原理图；(c) 交直流钳形电流表结构图

1—导线；2—铁芯；3—磁通圈；4—二次线圈；5—电流表；

6—量程旋钮；7—手柄；8—被测导线；9—磁路系统；10—动铁片

二、钳形电流表使用方法及注意事项

（一）在使用前应仔细阅读说明书，弄清是交流还是交直流两用钳表。

（二）被测电路电压不能超过钳形表上所标明的数值，否则容易造成接地事故，或者引起触电危险。这种仪表通常用来测量380V 以下电路中的电流。

（三）每次只能测量一相导线的电流，被测导线应置于钳形窗口中央，不可以将多相导线都夹入窗口测量。

（四）钳形表都有量程转换开关，测量前应先估计被测电流的大小，再决定用哪一量程。若无法估计，可先用最大量程，然后适当换小些，以准确读数。不能使用小电流去测量大电流，以防损坏仪表。

（五）钳口在测量时闭合要紧密，闭合后如有杂音，可打开钳口重合一次，若杂音仍不能消除时，应检查磁路上各接合面是否光洁，有尘污时要擦拭干净。

（六）由于钳形电流表本身精度较低，通常为 2.5 级或 5.0 级。在测量小电流时，可采用下述方法：先将被测电路的导线绕几圈，再放进钳形表的钳口内进行测量。此时钳形表所指示的电流值并非被测量的实际值，实际电流值应为钳形表的读数除以导线缠绕的圈数。

（七）维修时不要带电操作。因钳形电流表原理同电流互感器，一次线圈匝数少，二次线圈匝数多。一次侧只要有一定大小的电流，二次侧开路时，就会有高电压出现，所以维修钳形电流表时均不要带电操作，以防触电。

第十一章 临时用电安全技术档案

施工现场临时用电必须建立安全技术档案，其主要内容包括：

（一）施工现场临时用电施工组织设计的全部资料。

1. 现场勘查。

2. 确定电源线、变电所和配电室、配电装置、用电设备为已知线路走向。

3. 进行负荷计算。

4. 选择变压器。

5. 设计配电系统。

（1）设计配电线路，选择导线和电缆。

（2）设计配电装置，选择电器。

（3）设计接地装置。

（4）绘制临时用电工程图纸，主要包括用电工程总平面图、配电装置布置图、配电系统接线图、接地装置设计图。

6. 设计防雷装置。

7. 确定防护措施。

8. 制定安全用电措施和电气防火措施。

（二）施工过程中修改、变更施工现场临时用电施工组织设计的资料。

1. 施工中为满足施工要求，修改临电方案后形成的所有文字资料或影像资料。

2. 施工中为满足施工要求，变更临电方案后形成的所有文字资料或影像资料。

（三）施工现场临时用电安全技术交底的资料；内容包括：

1. 电工安全技术交底。

2. 施工现场照明安全技术交底。

3. 电缆线路敷设安全技术交底。

4. 施工现场防雷安全技术交底。

5. 配电箱、开关箱设置安全技术交底。

6. 临时用电施工组织设计安全技术交底。

7. 保护接地和保护接零安全技术交底。

8. 各种机械用电安全技术交底。

9. 特殊环境用电安全技术交底。

（四）施工现场临时用电工程检查验收表；

针对该施工现场临时用电组织设计，依照《施工现场临时用电安全技术规范》（JGJ 46—2005）和《建筑施工安全检查标准实施细则》（JGJ 59）进行施工现场临时用电使用验收并填写验收表。

1. 工程名称：按设计图注名称。

2. 供电方式：应填写 TN-S。

3. 进线截面：应填写进线导线相线和零线的截面积。

4. 用电容量：应填写施工现场用电高峰期时的用电总量。

5. 设备保护方式：应填写"接零保护"。

6. 外电防护：所列项目经查看、测量。检验结果填写定性结论。

7. 配电线路：所列项目经查看、测量。检验结果填写定性结论。

8. 保护方式：所列项目经查、测量。检验结果填写定性结论。

9. 配电箱：所列项目经查看、测量。检验结果填写定性结论。

10. 现场照明：所列内容经查看、测量。检验结果填写定性结论。

11. 变配电装置：所列项目经查看、测量，检验结果填写定性结论。

12. 验收意见：根据所列项目的检验结果，作出定性结论。

13. 工程负责人：安装负责人、安全员、操作人，签名应由本人亲自签写，不得代签。

（五）施工现场临时用电电气设备的试验、检验凭单和调试记录；

（六）施工现场临时用电接地电阻、绝缘电阻和漏电保护器漏电动作参数测定记录表；参见下表。

示例： 现场临时用电接地电阻记录

工程名称	×××大学教学实验楼		施工单位				
工程编号			仪表规格		ZC-8/500V		
序号	接地名称类别	测试日期	设计阻值	实测阻值	季节系数	实际阻值	结论
1	工作接地（配电室）		4Ω	1.1Ω	1	1.1Ω	合格
2	重复接地（7♯箱保护零线）		10Ω	1.2Ω	1	1.1Ω	合格
3	防雷接地（塔吊）		10Ω	1.8Ω	1	1.8Ω	合格
接地位置图							
临电技术负责人		测试人（2人）				测试日期	

示例　　　　　　　　　**漏电保护器检测记录**

单位名称		工程名称	×××大学教学实验楼			安装部位	Ⅲ区
保护器型号	DZ15LE-100/4902	额定电源	100A	额定漏电动作电流	30mA	生产厂家	上海
安装日期	年　月　日			安装人			
配合使用的设备						容　量	30kW
维护电工姓名			电工证件号码			技术等级	

<table>
<tr><td colspan="8" align="center">安装后通电合闸模拟检测记录</td></tr>
<tr><td rowspan="2">检测日期</td><td colspan="5" align="center">检 测 项 目</td><td rowspan="2">检测结论</td><td rowspan="2">检测人签字</td></tr>
<tr><td>A 相对地</td><td>B 相对地</td><td>C 相对地</td><td>复位情况</td><td>试验按钮</td></tr>
<tr><td>2 月 14 日</td><td>16mA/15ms</td><td>17mA/14ms</td><td>16mA/13ms</td><td>能复位</td><td>灵敏</td><td>合格</td><td></td></tr>
<tr><td>2 月 28 日</td><td>18mA/17ms</td><td>19mA/16ms</td><td>20mA/16ms</td><td>能复位</td><td>灵敏</td><td>合格</td><td></td></tr>
<tr><td>3 月 14 日</td><td>17mA/16ms</td><td>18mA/15ms</td><td>17mA/16ms</td><td>能复位</td><td>灵敏</td><td>合格</td><td></td></tr>
<tr><td>4 月 1 日</td><td>17mA/16ms</td><td>17mA/15ms</td><td>16mA/13ms</td><td>能复位</td><td>灵敏</td><td>合格</td><td></td></tr>
<tr><td>4 月 14 日</td><td>18mA/16ms</td><td>17mA/15ms</td><td>16mA/17ms</td><td>能复位</td><td>灵敏</td><td>合格</td><td></td></tr>
<tr><td>月　日</td><td></td><td></td><td></td><td></td><td></td><td></td><td></td></tr>
<tr><td>月　日</td><td></td><td></td><td></td><td></td><td></td><td></td><td></td></tr>
<tr><td>月　日</td><td></td><td></td><td></td><td></td><td></td><td></td><td></td></tr>
<tr><td>月　日</td><td></td><td></td><td></td><td></td><td></td><td></td><td></td></tr>
<tr><td>备注</td><td colspan="7" align="center">（填写漏电保护器的拆除、更换、维修情况记录）</td></tr>
</table>

（七）施工现场临时用电定期检（复）查表；

（八）施工现场临时用电电工安装、巡检、维修、拆除工作记录。

示例 **电工日常检查维修记录**

巡视发现问题、隐患记录	维修记录	验证日期
对钢筋加工厂及施工现场降水用开关箱进行全面巡视检查，发现现场降水用开关箱至水泵的电源线均未采取保护措施而且较乱	维修措施： 　　为防止碰坏电缆，由开关箱到水泵的电源线明露部分穿塑料管进行保护，排放整齐、顺直美观。 　　维修责任人：×× 　　维修时间：×年×月×日	×年×月×日
验收意见： 　　　　　　　　　　　月　　日检查，均按要求整改		
问题、隐患预防措施（改进措施）： 　　对临时供电电工进行安全培训，提高其临电安全意识，确保临电线路规范架设，防止发生事故 		
巡视维修人		验收人		记录人	

241

　　安全技术档案应由主管该现场的电气技术人员负责建立与管理。相应项目可指定电工代管，每周由项目经理审核认可，并应在临时用电工程拆除后统一归档。

　　临时用电工程应定期检查。定期检查时，应复查接地电阻值和绝缘电阻值。

　　四、临时用电工程定期检查应按分部、分项工程进行，对安全隐患必须及时处理，并应履行复查验收手续。

第十二章　安全用电

火灾和爆炸可以造成重大经济损失，而且往往造成人身伤亡和设备毁坏。电气火灾和爆炸在火灾和爆炸事故中占有很大的比例。仅就电气火灾而言，不论是发生频率还是所造成的经济损失，在火灾中所占的比例都呈上升的趋势。在很多地区，引起火灾的原因已经成为火灾的第一原因。电气火灾已经超过全部火灾的 20%，有的地区或部门已经超过 30%。就造成的经济损失而言，电气火灾所占比例还要更大些。

第一节　电气火灾与爆炸的原因

电气火灾与爆炸的原因很多。除设备缺陷、安装不当等设计和施工方面的原因外，电流产生的热量和火花或电弧是直接原因。

一、电气设备过热

电气设备过热主要是由电流产生的热量造成的。

导体的电阻虽然很小，但其电阻总是客观存在的。因此，电流通过导体时要消耗一定的电能。这部分电能转化为热能，使导体温度升高，并加热其周围的其他材料。

对于电动机和变压器等带有铁磁材料的电气设备，除电流通过导体产生的热量外，还有在铁磁材料中产生的热量，这部分热量是由于铁磁材料的涡流损耗和磁滞损耗造成的。因此，这类电气设备的铁芯也是一个热源。

当电气设备的绝缘质量降低时，通过绝缘材料的泄漏电流增加，可能导致绝缘材料温度升高。

由上可知，电气设备运行时总是要发热的，但是，设计正确、施工正确以及运行正常的电气设备，其最高温度和其与周围环境温度之差（即最高温升）都不会超过某一允许范围。例如，裸导线和塑料绝缘线的最高温度一般不超过 70℃；橡胶绝缘线的最高温度一般不得超过 65℃；变压器的上层温度不得超过 85℃；电力电容器外壳温度不得超过 65℃；电动机定子绕组的最高温度，对应于所采用的 A 级、E 级和 B 级绝缘材料分别为 95℃、105℃和 110℃，定子铁芯分别是 100℃、115℃和 120℃等。这就是说，电气设备正常的发热是允许的。但当电气设备的正常运行遭到破坏时，发热量增加，温度升高，在一定条件下可能会引起火灾。

引起电气设备过热的不正常运行大体包括以下几种情况：

（一）短路

发生短路时，线路中的电流增加为正常时的几倍甚至几十倍，而产生的热量又和电流的平方呈正比，使得温度急剧上升，大大超过允许范围。如果温度达到可燃物的自燃点，即引起燃烧，从而导致火灾。

当电气设备的绝缘老化变质，或受到高温、潮湿或腐蚀的作用而失去绝缘能力时，即可能引起短路。

绝缘导线直接缠绕、钩挂在铁钉或铁丝上时，由于磨损和铁锈腐蚀，很容易使绝缘破坏而形成短路。

由于设备安装不当或工作疏忽，可能使电气设备的绝缘受到机械损伤而形成短路。

由于雷击等过电压的作用，电气设备的绝缘可能遭到击穿而形成短路。

在安装与检修工作中，由于接线和操作的错误，也可能造成短路事故。

（二）过载

过载会引起电气设备发热，造成过载的原因大体上有以下两种情况。一是设计时选用线路或设备不合理，以至在额定负载下产生过热。二是使用不合理，即线路或设备的负载超过额定值，或者连续使用时间过长，超过线路或设备的设计能力，由此造成过热。

（三）接触不良

接触部分是电路中的薄弱环节，是发生过热的一个重点部位。

不可拆卸的接头连接不牢、焊接不良或接头处混有杂质，都会增加接触电阻而导致接头过热。

可拆卸的接头连接不紧密或由于振动而松动，也会导致接头发热。

活动触头，如闸刀开关的触头、接触器的触头、插式熔断器（插保险）的触头、插销的触头、灯泡与灯座的接触处等活动触头，如果没有足够的接触压力或接触表面粗糙不平，会导致触头过热。对于铜铝接头，由于铜和铝电性能不同，接头处易因电解作用而腐蚀，从而导致接头过热。

（四）铁芯发热

变压器、电动机等设备的铁芯，如铁芯绝缘损坏或承受长时间过电压，涡流损耗和磁滞损耗将增加而使设备过热。

（五）散热不良

各种电气设备在设计和安装时都考虑有一定的散热或通风措施，如果这些措施受到破坏，就会造成设备过热。

此外，电炉等直接利用电流的热量进行工作的电气设备，工作温度都比较高，如安置或使用不当，均可能引起火灾。

二、电火花和电弧

电火花是电极间的击穿放电，电弧是大量的电火花汇集而成的。

一般电火花的温度都很高，特别是电弧，温度可高达6000℃，因此，电火花和电弧不仅能引起可燃物燃烧，还能使金属熔化、飞溅，构成危险的火源。在有爆炸危险的场所，电火花和电弧更是引起火灾和爆炸的一个十分危险的因素。

在生产和生活中，电火花是经常见到的。电火花大体包括工作火花和事故火花两类。

工作火花是指电气设备正常工作时或正常操作过程中产生的火花。如直流电机电刷与整流子滑动接触处、交流电机电刷与滑环滑动接触处，电刷后方的微小火花、开关或接触器开合时的火花、插销拔出或插入时的火花等。

事故火花是线路或设备发生故障时出现的火花。如发生短路或接地时出现的火花、绝缘损坏时出现的闪光、导线连接松脱时的火花、保险丝熔断时的火花、过电压放电火花、静电火花、感应电火花以及修理工作中错误操作引起的火花等。

此外，电动机转子和定子发生摩擦（扫膛）或风扇与其他部件相碰也都会产生火花，这是由碰撞引起的机械性质的火花。

还应当指出，灯泡破碎时，炽热的灯丝有类似火花的危险作用。

电气设备本身，除多油断路器、电力变压器、电力电容器、充油套管等充油设备可能爆裂外，一般不会出现爆炸事故。以下情况可能引起空间爆炸：

1. 周围空间有爆炸性混合物，在危险温度或电火花作用下引起空间爆炸。

2. 充油设备的绝缘在电弧作用下分解和汽化，喷出大量油雾和可燃气体，引起空间爆炸。

3. 发电机氢冷装置漏气、酸性蓄电池排出氢气等，形成爆炸性混合物，引起空间爆炸。

第二节　防爆电气设备和防爆电气线路

爆炸危险环境使用的电气设备，结构上应能防止由于在使用中产生火花、电弧或危险温度成为爆炸性混合物的引燃源。

一、防爆电气设备

（一）防爆电气设备结构特征

防爆电气设备种类很多。各类防爆电气设备的特征如下：

1. 隔爆型是具有能承受内部的爆炸性混合物爆炸而不致受到损坏，而且内部爆炸不致通过外壳上任何结合面或结构孔洞引起外部混合物爆炸的电气设备。隔爆型电气设备的外壳用钢板、铸钢、铝合金、灰铸铁等材料制成。

2. 增安型是在正常时不产生火花、电弧或高温的设备上采取措施以提高安全程度的电气设备。其绝缘带电部件的外壳防护不得低于 IP44；其裸露带电部件的外壳防护不得低于 IP54。

3. 充油型是将可能产生电火花、电弧或危险温度的带电零部件浸在绝缘油里，使之不能点燃油面上方爆炸性混合物的电气设备。充油型设备外壳上应有排气孔，孔内不得有杂物；油量必须充足，最低油面以下油面深度不得小于 25mm。

4. 充砂型是将细粒状物料充入设备外壳内，令壳内出现的电弧、火焰传播、壳壁温度或粒料表面温度不能点燃壳外爆炸性混合物的电气设备。充砂型设备的外壳应有足够的机械强度，其防护不得低于 IP44。

5. 本质安全型是正常状态下和故障状态下产生的火花或热效应均不能点燃爆炸性混合物的电气设备。其中，正常工作、发生一个故障及发生两个故障时不能点燃爆炸性混合物的电气设备为 i_a 级本质安全型设备；正常工作及发生一个故障时不能点燃爆炸性混合物的电气设备为 i_b 级本质安全型设备。

6. 正压型是向外壳内充入带正压的清洁空气、惰性气体或连续通入清洁空气以阻止爆炸性混合物进入外壳内的电气设备。正压型设备分为通风、充气、气密等三种形式。保护气体可以是空气、氮气或其他非可燃气体。其外壳防护不得低于 IP44。其出风口气压或充气气压不得低于 196Pa。

7. 无火花型是在防止危险温度、外壳防护、防冲击、防机械火花、防电缆事故等方面采取措施，以提高安全程度的电气设备。

8. 特殊型是上述各种类型以外的或由上述两种以上形式组合成的电气设备。

（二）防爆电气设备的标志

按照新标准和旧标准，防爆电气设备的类型和标志列入表12-1。

表 12-1　防爆的电气设备和标志

新标准（GB 3836）			旧标准（GB 1366—77）		
类别	标志		类别	标志	
	工厂用（Ⅱ类）	煤矿用（Ⅰ类）		工厂用	煤矿用
隔爆型	d	d	隔爆型	B	KB
增安型	e	e	防爆安全型	A	KA
本质安全型	i_a、i_b	i_a、i_b	安全火花型	H	KH
正压型	p	p	防爆通风充气型	F	KF
充油型	o	o	防爆充油型	C	KC
充砂型	q	q	—	—	—
无火花型	n	n	—	—	—
特殊型	s	s	防爆特殊型	T	KT

完整的防爆标志依次标明防爆形式、类别、级别和组别。例如，dⅡBT3 为Ⅱ类 B 级 T3 组的隔爆型电气设备、i_aⅡAT5 为Ⅱ类 A 级 T5 组的 i_a 级本质安全型电气设备。如有一种以上复合防爆形式，应先标出主体防爆形式后标出其他防爆形式，如 epⅡBT4 为主体增安型，并有正压型部件的防爆型电气设备。对于只允许用于某一种可燃性气体或蒸气环境的电气设备，可直接用该气体或蒸气的分子式或名称标志，而不必注明级别和组别，如"dⅡ（NH_3）"或"dⅡ氨"为用于氨气环境的隔爆型电气设备。对于Ⅱ类电气设备，可以标温度组别，可以标最高表面温度，亦可二者都标出，如最高表面温度 125℃ 的工厂用增安型电气设备可标志为 eⅡT4、eⅡ（125℃）或 eⅡ（125℃）T4。

二、防爆电气线路

在爆炸危险环境和火灾危险环境，电气线路的安装位置、敷设方式、导线材质、连接方法等均应与区域危险等级相适应。

（一）爆炸危险环境的电气线路

1. 位置

电气线路应当敷设在爆炸危险性较小或距离释放源较远的位置。电气线路宜沿有爆炸危险的建筑物的外墙敷设；当爆炸危险气体或蒸气比空气重时，电气线路应在高处敷设，电缆则直接埋地敷设或电缆沟充砂敷设；当爆炸危险气体或蒸气比空气轻时，电气线路宜敷设在低处，电缆则采取电缆沟敷设。10kV 及 10kV 以下的架空线路不得跨越爆炸危险环境；当架空线路与爆炸危险环境邻近时，其间距不得小于杆塔高度的 1.5 倍。

2. 配线方式

爆炸危险环境电气线路的选型见表 12-2。由该表可知，爆炸危险环境主要采用防爆钢管配线和电缆配线。固定敷设的电力电缆应采用铠装电缆。但下列情况可采用非铠装电缆：

表 12-2　爆炸危险环境电气线路选型

配线方式		区域危险等级				
		0	1	2	10	11
本质安全型配线工程		○	○	○	○	○
低压镀锌钢管配线工程		×	○	○	×	○
电缆工程	低压电缆	×	○	×	×	○
	高压电缆	×	△	×	×	○

（1）采用能防止机械损伤的电缆槽板、托盘或槽盒敷设的 2 区明设的塑料护套电缆；

（2）当可燃气体或蒸汽比空气轻且电气线路不会受鼠、虫等损害时，2 区电缆沟内敷设的电缆；

（3）11 区内明设时的电缆；

（4）10 区和 11 区在封闭电缆沟内敷设的电缆。

采用非铠装电缆应考虑机械防护。非固定敷设的电缆应采用非燃性橡胶护套电缆。

3. 导线材料

1 区和 10 区所有电气线路应采用截面面积不小于 2.5mm^2 的铜芯导线；

2 区动力线路应采用截面积不小于 1.5mm^2 的铜芯导线或截面积不小于 4mm^2 的铝芯导线；

2 区照明线路和 11 区所有电气线路应采用截面积不小于 1.5mm^2 的铜导线或截面积不小于 2.5mm^2 的铝芯导线。

爆炸危险环境宜采用交联聚乙烯、聚乙烯、降氯乙烯或合成橡胶绝缘及有护套的电线。爆炸危险环境宜采用有耐热、阻燃、耐腐蚀绝缘的电缆，不宜采用油浸纸绝缘电缆。

在爆炸危险环境，低压电力、照明线路所有电线和电缆的额定电压不得低于工作电压，并不得低于 500V。工作零线应与相线有同样的绝缘能力，并应在同一护套内。

对于爆炸危险环境中的移动式设备，1 区和 10 区应采用重型电缆，2区和11区应采用中型电缆。

4. 连接

爆炸危险环境的电气线路不得有非防爆型中间接头。1区、10区应采用隔爆型线盒、2区、11区可采用增安型乃至防尘型接线盒。

爆炸危险环境电气配线与电气设备的连接必须符合防爆要求。常用的有压盘式和压紧螺母式引入装置；连接处应用密封圈密封或浇封。

爆炸危险环境采用铝芯导线时，必须采用压接或熔焊；铜、铝连接处必须采用铜铝过渡接头。

电缆线路不应有中间接头。

采用钢管配线时，螺纹连接一般不得少于6扣。为了防腐蚀，钢管连接的螺纹部分应涂以铅油或磷化膏。

5. 允许载流量

导线允许载流量不应小于熔断器熔体额定电流和断路器长延时过电流脱扣器整定电流的1.25倍或电动机额定电流的1.25倍。高压线路应按短路电流进行热稳定校验。

6. 隔离和密封

敷设电气线路的沟道以及保护管、电缆或钢管在穿过爆炸危险环境等级不同的区域之间的隔墙或楼板时，应用非燃性材料严密堵塞。

（二）火灾危险环境的电气线路

火灾危险环境电气线路选型见表12-3。

表 12-3　火灾危险环境的电气线路

配线方式	21 区	22 区	23 区
非铠装电缆	○	○	○
明设铜管配线	○	○	○
非燃性护套绝缘导线	○	○	○
明设硬塑料管配线	○	○	○
瓷绝缘子明设绝缘导线（远离可燃物）	○	○	○
起重机滑触线（下方无可燃物）	×	×	○

第三节　电气防爆技术

电气防火、防爆措施是综合性的措施。其他防火、防爆措施对防止电气火灾和爆炸也是有效的。

一、消除或减少爆炸性混合物

消除或减少爆炸性混合物包括采取封闭式作业，防止爆炸性混合物泄漏；清理现场积尘、防止爆炸性混合物积累；设计正压室，防止爆炸性混合物侵入有引燃源的区域；采取开式作业或通风措施，稀释爆炸性混合物；在危险空间充填惰性气体或不活泼气体，防止形成爆炸性混合物；安装报警装置，当混合物中危险物品的浓度达到其爆炸下限的 10% 时报警等措施。

二、隔离和间距

危险性大的设备应分室安装，并在隔墙上采取封堵措施。电动机隔墙传动、照明灯隔玻璃窗照明等都属于隔离措施。10kV 及 10kV 以下的变、配电室不得设在爆炸危险环境的正上方或正下方。室内充油设备油量 60kg 以下者允许安装在两侧有隔板的间隔内；油量 60～600kg 者必须安装在有防爆隔墙的间隔内；油量 600kg 以上者必须安装在单独的防爆间隔内。变、配电室与爆炸危险环境或火灾危险环境毗邻时，隔墙应用非燃性材料制成；孔洞、沟道应用非燃性材料严密堵塞；门、窗应开向无爆炸或火灾危险的场所。

电气装置，特别是高压、充油的电气装置应与爆炸危险区域保持规定的安全距离。变、配电站不应设在容易沉积可燃粉尘或可燃纤维的地方。

三、消除引燃源

主要包括以下措施：

1. 按爆炸危险环境的特征和危险物的级别、组别选用电气设备和设计电气线路。

2. 保持电气设备和电气线路安全运行。安全运行包括电流、电压、温升和温度不超过允许范围，包括绝缘良好、连接和接触良好、整体完好无损、清洁、标志清晰等。爆炸危险环境电气设备的最高表面温度不得超过表 12-4 和表 12-5 所列数值。

表 12-4　气体、蒸汽危险环境电气设备最高表面温度

组别	T1	T2	T3	T4	T5	T6
最高表面温度/℃	450	300	200	135	100	85

表 12-5　粉尘、纤维危险环境电气设备最高表面温度

组别	电气设备表面或零部件温度极限值			
	无过负荷可能的设备		有过负荷可能的设备	
	极限温度/℃	极限温度/℃	极限温度/℃	极限温度/℃
T11	215	175	190	150
T12	160	120	140	100
T13	110	70	100	60

在爆炸危险环境应尽量少用携带式设备和移动式设备；一般情况下不应进行电气测量工作。

四、爆炸危险环境接地

爆炸危险环境接地应注意如下几点。

1. 应将所有不带电金属物件做等电位连接。从防止电击考虑不需接地（接零）者，在爆炸危险环境仍应接地（接零）。例如，在非爆炸危险环境，干燥条件下交流 127V 以下的电气设备允许不采取接地或接零措施，而在爆炸危险环境，这些设备仍应接地或接零。

2. 如低压由接地系统配电，应采用 TN-S 系统，不得采用 TN-C 系统。即在爆炸危险环境应将保护零线与工作零线分开。保护导线的最小截面，铜导体不得小于 $4mm^2$、钢导体不得小于 $6mm^2$。

3. 如低压由不接地系统配电，应采用 IT 系统，并装有一相接地时或严重漏电时能自动切断电源的保护装置或能发出声、光双重信号的报警装置。

五、电气灭火

在扑灭电气火灾的过程中，应注意防止触电，注意防止充油设备爆炸。

1. 如火灾现场尚未停电，应设法切断电源。切断电源应注意以下问题：

（1）切断部位应选择得当，不得因切断电源影响疏散和灭火工作。

（2）在可能的条件下，先卸去线路负荷，再切断电源。

（3）因火烧、烟熏、水浇，电气绝缘可能大大降低，切断电源应配用绝缘的工具。

（4）应在电源侧的电线支持点附近剪断电线，防止电线断落下来造成电击或短路。

（5）切断电线时，应在错开的位置切断不同相的电线，防止切断时发生短路。

2. 为了防止触电，应注意以下事项：

（1）不得用泡沫灭火器带电灭火；带电灭火应采用干粉、二氧化碳、1211 等灭火器。

（2）人及所带器材与带电体之间保持足够的安全距离；干粉、二氧化碳、1211 等灭火器喷嘴至 10kV 带电体的距离不得小于 0.4m；用水枪带电灭火时，宜采用喷雾水枪，水枪喷嘴应接地，并应保持足够的安全距离。

（3）对架空线路等空中设备灭火时，人与带电体之间的仰角不应超过 45°，防止导线断落下来危及灭火人员的安全。

（4）如有带电导线断落地面，应在落地点周围画警戒圈，防止可能的跨步电压电击。

第四节　静电危害及防护

静电是相对静止的电荷，静电现象是一种常见的带电现象，是由于两种不同的物体（物质）互相摩擦，或者物体与物体紧密接触后又分离而产生的。

静电技术作为一种先进技术，在工业生产中得到越来越广泛的应用。如静电复印、静电喷漆、静电除尘、静电植绒等，都是利用外加能源产生的高压静电场工作的。

工业生产中产生的静电又可以造成多种危害，静电火花引起的火灾和爆炸，会直接危及人身安全。

一、静电的产生

所有物质不论是非金属体或金属体，还是固体、液体或气体，在一定条件下，都可能发生电子转移，产生静电。各种物质束缚电子的能力不同，这个束缚能力可用逸出功来衡量，逸出功是把一个电子从物质内部移到外部所需外界做的功。显然逸出功愈大的物质束缚电子的能力愈强，因此，两种物质接触时，逸出功小的失电子带正电，逸出功大的得电子带负电。各种物质按照得失电子的难易程度排成一个序列，称为静电带电序列：

（十）玻璃—头发—尼龙—羊毛—人造纤维—绸—醋酸人造丝—奥纶—纸浆和滤纸—黑橡胶—维尼纶—聚酯纤维—电石—聚

乙烯—可耐可龙—赛璐珞—玻璃纸—聚氯乙烯—聚四氟乙烯（一）

（十）石棉—玻璃—云母—羊毛—毛皮—铅—铬—铁—铜—镍—银—金—铂（一）

每一序列中前后两种物质紧密接触或发生摩擦时，前者带正电，后者带负电。

从上面带电序列可知，玻璃和头发摩擦时玻璃带正电，头发带负电。玻璃和绸摩擦时，玻璃带正电，绸带负电。同样的接触和摩擦条件，玻璃上带的正电与绸上带的负电，都比玻璃和头发摩擦时所呈现的电压高。即在同等摩擦条件下，在带电序列中两种物质相距的位置愈远则逸出功差别愈大，产生的电荷愈多，而静电电压愈高。

产生静电的几种现象：

1. 摩擦带电：物质相互摩擦时，由于发生接触位置的移动和电荷的分离而产生静电。

2. 剥离带电：互相密切结合的物体使其剥离时引起电荷分离而产生静电。

3. 流动带电：用管路等输送液体时而产生静电。

4. 喷出带电：粉体类、液体类和气体类从截面小的开口部位喷出时，发生摩擦而产生静电。

5. 冲撞带电：由于粉体类的粒子与粒子之间或粒子与固体之间的冲撞形成极快的接触和分离而产生静电。

6. 破裂带电：固体或粉体类的物体当其破裂时，产生电荷分离，因破坏了正负电荷的平衡而产生静电。

7. 飞沫带电：喷在空间的液体类由于扩展飞散、分离，形成很多的小滴、产生新的液面而出现静电。

8. 滴下带电：附在器壁等处的固体表面上的珠状液体逐渐增大，由于自重形成液滴和水滴，在坠落脱离时产生电荷分离而产生静电。

产生静电电荷的多少与生产物料的性质和料量、摩擦力大小和摩擦长度、液体和气体的分离或喷射强度、粉体粒度等因素有关。

二、静电的危害

静电电量虽然不大，但其电压可能很高，容易发生静电放电而产生火花，有引燃、引爆、电击妨碍生产等多方面的危险和危害。

（一）爆炸和火灾

爆炸和火灾是静电危害中最为严重的事故。在有可燃液体作业场所（如油料装运等），可能因静电火花放出的能量已超过爆炸性混合物的最小引燃能量，引起爆炸和火灾；在有可燃气体或蒸汽、爆炸性混合物或粉尘、纤维爆炸性混合物（如氧、乙炔、煤粉、铅粉、面粉等）的场所，浓度已达到混合物爆炸的极限，可能因静电火花引起爆炸和火灾。静电造成爆炸或火灾事故，以石油、化工、橡胶、造纸、印刷、粉末加工等行业较为严重。

（二）静电电击

静电电击可能发生在人体接近带静电物体的时候，也可能发生在带静电的人体接近接地导体或其他导体的时候，电击的伤害程度与静电能量大小有关，静电导致的电击不会达到致命的程度，但是因电击的冲击能使人身失去平衡，发生坠落、摔伤，或碰触机械设备，造成二次伤害。

另外，电冲击的恐怖感觉会成为威胁操作人员安全的因素。

（三）妨碍生产

生产过程中，如不消除静电，往往会妨碍生产或降低产品质量，静电对生产的危害有静电力学现象和静电放电现象两个方面。

因静电力学现象而产生的故障，如筛孔被粉尘堵塞、纺纱线纠结、印刷品的字迹深浅不匀和制品污染织布或印染过程中因吸附灰尘而降低产品质量。

因静电放电现象而产生的故障有：放电电流导致半导体元件等电子部件破坏或误动作；电磁波导致电子仪器和装置产生杂音和误动作；发光导致照相胶片感光而报废。

三、静电危害的防护

消除静电危害的方法有：加速工艺过程中的泄漏或中和；限制静电的积累使其不超过安全限度；控制工艺过程，限制静电的产生，使其不超过安全限度等。

（一）泄漏法

这种方法是采取接地、增湿、加入抗静电添加剂等措施，使已产生的静电电荷泄漏、消散，避免静电的积累。

1. 接地

接地是消除静电危害最简单、最常用的方法。接地用来消除导体上的静电，静电接地的连接线应保证足够的机械强度和化学稳定性。连接应当可靠，不得有任何中断之处。静电接地一般可与其他接地共用，但注意不得由其他接地引来危险电压，以免导致火花放电的危险。静电接地的接地电阻要求不高，1000Ω即可。

2. 增湿

增湿即增加现场的相对湿度。随着湿度的增加，绝缘体表面上结成薄薄的水膜能使其表面电阻大为降低，从而加速静电的泄漏，生产场所通过安装空调设备、喷雾器等来提高空气的湿度，消除静电危险。增湿应根据具体情况而定，从消除静电危害的角度考虑，保持相对湿度在70%以上较为适宜。

3. 加抗静电添加剂

抗静电添加剂具有良好吸湿性或导电性，是特制的辅助剂，在易产生静电材料中加入某种极微量的抗静电添加剂，能加速对静电的泄漏，消除静电的危险。

（二）中和法

这种方法是采用静电中和器或其他方式产生与原有静电极性相反的电荷，使已产生的静电得到中和而消除，避免静电积累。

（三）工艺控制法

这种方法是在材料选择、工艺设计、设备结构等方面采取措施，控制静电的产生，使其不超过危险程度。

第五节　高频电磁场的危害与防护

一、电磁场对人体的危害

电磁场强度超过一定限度时，能对人体健康产生不良的影响。

（一）不同频率对人体的伤害

在一定的电磁场强度辐射下，对人体的主要影响是神经衰弱，多以头痛头胀、失眠多梦、疲劳无力、记忆力减退、心悸最为严重，其次是头痛、四肢酸疼、脱发、多汗等症状。此外，通过体检还发现心血管系统有某些改变现象。例如：心电图方面出现心动过缓及心律不齐等。

当然，这些影响不是绝对的，因人体状况的不同而有所差异。电磁场对人体的影响是可逆的，只要脱离电磁场的作用，其症状会减少或消除。

微波辐射人体后，一部分被反射，一部分被吸收，被吸收的微波辐射能量使组织内的分子和电介质的电偶极子产生射频振动，媒质的摩擦把动能转变为热能，从而引起温升。微波辐射的功率、频率、波形、环境温度、湿度及被照射的部位等，对伤害的深度和程度产生一定的影响。微波辐射后，神经衰弱症状比较严重，主要以头昏头痛、记忆力减退及失眠者为最多。心血管系统表现为心悸、心前区疼痛、心肌供血不足等，血色素、血细胞及血小板减少，还可以导致白内障的发生。

（二）影响伤害程度的因素

电磁场对人体伤害程度与以下因素有关：

1. 电磁场强度

电磁场强度愈大，对人体的伤害愈严重，发射源功率愈大，电磁场强度愈高，与发射源距离愈近，电磁场强度愈大，接触电磁场强度大的人员与接触电磁场强度小的人员，在神经衰弱病症的发生率方面有极明显的差别。

金属物体在电磁场的作用下，会感应出交变电流，并产生交变电磁场，造成所谓二次发射，由于二次发射可以改变空间电磁场的分布，使某些地方的电磁场强度增高。

由于高频设备参数调整不当，布局又不合理，或屏蔽和接地不完善，都会造成辐射加强，电磁场的强度增高。

2. 电磁波频率（波长）

一般情况下，长波对人体的伤害较弱，随着波长的缩短，对人体的伤害加重。

3. 作用时间与作用周期

作用时间愈长，即暴露的时间愈长，对人体的影响程度亦愈严重。对作用周期来说，作用周期愈短，影响也愈严重。受到电磁场辐射的时间愈长，所表现出的症状就愈突出。

4. 与辐射源的间距

电磁波辐射强度随着与辐射源距离的加大而迅速递减，对机体影响也迅速减弱。

5. 振荡性质

在其他参数相同的情况下，脉冲波对机体的不良影响，比连续波严重。

6. 作业现场环境的温度和湿度的影响

它们对电磁波辐射到人身的伤害有直接的关系，温度愈高，人体所表现出的症状愈突出；湿度愈大，愈不利于散热，同样不利于人身的健康，所以对作业场所的温度和湿度加强控制，是减少电磁波对人身伤害的一个重要手段。

7. 人员情况

女性对电磁波辐射的敏感性最大，其次是少年儿童。

8. 其他危害

大功率的射频设备，在工作期间所形成的射频辐射将对通信、电视及射频设备附近的电子仪器、精密仪表、参数测试等所造成的干扰也是严重的。强的电磁波辐射将会构成对某些武器或弹药的严重威胁，会使导弹制导系统失灵，电爆管的效应失灵，还会使金属器件互相碰撞时打火引起火药燃烧或爆炸，还会对一些可燃性油类或可燃性气体造成燃烧或爆炸，危及人身安全与财产安全。

二、电磁场的防护措施

电磁屏蔽的目的在于防止电磁场的危害，使其辐射强度被抑制在允许范围内。所谓屏蔽，就是采用一切技术手段，将电磁波辐射的作用与伤害局限在指定的空间范围内。

屏蔽是防止电磁波辐射的关键，最好的屏蔽是密封金属屏蔽包壳，其包壳要良好接地。

（一）屏蔽体

不同结构的金属材料其屏蔽效能不同，中、短波的实际屏蔽效能没有多大差别，中、短波屏蔽以铜为宜，而在微波可以选择铁材。屏蔽体要设计成六面体结构，各个单面体距离场源要等距离，而且边角部分要圆滑过渡，进行导圆，避免尖端的产生。双层结构的屏蔽效率要比单层结构的屏蔽效率高，所以，要求有100dB以上屏蔽效能时，屏蔽层要保证双层结构，双层网的间距等于1/4波长的奇数倍。

屏蔽中尽量减少不必要的孔洞，必须开孔洞时，要保证孔洞的直线尺寸应小于最小工作波长的1/5，缝隙的直线尺寸应小于最小工作波长的1/10。另外，屏蔽体之间的接触不良是造成缝隙的主要原因，为了减少缝隙，要求接触良好。

屏蔽室适用于较大区域的整体屏蔽，它是一种由可以抑制电磁场的伤害在一定范围之内或一定范围之外的器材组成的整体结构。

屏蔽室可分为板形屏蔽室（由若干块金属板或金属薄片所构成的整个屏蔽室的各个金属板之间，门窗与金属板之间都必须进行良好的电气连接）和网形屏蔽室（由若干块金属网或拉板网等嵌在骨架上所组成的屏蔽整体）。

屏蔽室门的屏蔽是一个薄弱环节，由于接触性能差、缝隙多，而且使用的时间愈长，其接触性能愈坏。所以应采取防泄漏的措施，各部分应连接严密。

对于微波电磁场，为了防止泄漏，除采用一般屏蔽措施外，还应采用抑制电磁场泄漏和吸收电磁场能量的办法。

1. 阻止波能辐射泄出

为了避免微波辐射对作业环境的较大污染，在微波现场，可根据具体情况设立屏蔽室，阻止波能辐射。在屏蔽室内壁六面体上敷设适当的吸收材料，组成屏蔽吸收体，达到防护目的。

2. 防止波能辐射进入

为了保护微波场内其他非值机人员的身体健康，应设屏蔽室，屏蔽室外壁必须敷设或涂有吸收材料，组成屏蔽吸收体。设计屏蔽吸收体可以制成固定型或活动开启型。

（二）个体防妒

个体防护的主要对象是微波作业人员。在有些作业场合，如果不能有效地实施屏蔽吸收技术措施或由于辐射强度过高，射频辐射部分透过墙壁而污染其他工作场所时，必须采取个人防护措施，保护工作人员的身体健康。

1. 金属衣

金属衣是根据屏蔽或吸收原理制作的。多数采用金属-非金属复合衣。

（1）金属丝布：在高压带电作业服的基础上改进的。由铜丝或铝丝等金属丝和蚕丝等丝线混合编织而成。

（2）金属膜布：在一般布类上，喷涂或刷上一层金属薄膜以屏蔽微波辐射。

（3）渗金属布：将银粒子经过化学处理，渗入化纤布或纯布上，用来加工防护服，也有较高的屏蔽效果。

2. 防护眼镜

保护值机人员眼睛免遭危害。对眼镜要求为透视度要高，屏蔽效果要好，质量要轻，镜面打开要灵活。

3. 防护头盔

防护头盔用网眼极小的铜网制成。脸面部的防护材料应该是透视度高的金属-非金属复合材料，如镀膜玻璃等。

（三）高频接地

高频接地是将高频场源屏蔽体或屏蔽体部件和大地之间连接，形成电气通路，使屏蔽系统与大地之间等电位分布。

（1）由于射频电流的趋肤效应，要求屏蔽体的接地系统表面积要足够大。

（2）为了保证相当低的阻抗，接地线要尽量短，而且其长度应避开 1/4 波长的奇数倍，以宽 100mm 的铜带为好。

（3）接地方式有埋铜板、埋接地棒、埋格网等形式。无论采用哪种方法，都要求有足够的厚度，有一定机械强度和耐腐蚀性。

（4）埋接地铜板，一般将 1.5～2m² 铜板埋在地下，并将接地线良好地焊接在接地极铜板上。埋置方式分为立埋、横埋、平埋三种，如图 12-1 所示。

（5）埋嵌入接地棒一般长度为 2m，将直径为 5～10cm 的金属棒打进土壤中，或挖坑埋入，而后再把各金属棒的上端焊接一个金属。

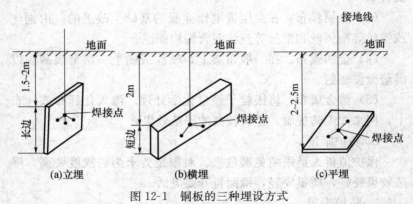

图 12-1　铜板的三种埋设方式

第十三章　触电事故

第一节　电流对人体的伤害

随着社会生产的发展和科学技术的进步，电与人们的关系日益密切，但由于使用不当或违反了电气安全操作规程造成的电气事故对人们的危害也是相当严重的，除了电气火灾和爆炸危险，还有电流对人体的伤害。

一、电流对人体伤害的类型

（一）电击

电击是电流对人体内部组织造成的伤害。仅 50mA 的工频电流即可使人遭到致命电击，神经系统受到电流强烈刺激，引起呼吸中枢衰竭，呼吸麻痹，严重时心室纤维性颤动，以致引起昏迷和死亡。

按照人体触及带电体的方式和电流通过人体的途径，电击触电可分为三种情况：单相触电、两相触电和跨步电压触电。

（二）电伤

电伤是电流的热效应、化学效应、光效应或机械效应对人体造成的伤害。电伤会在人体上留下明显伤痕，有灼伤、电烙印和皮肤金属化三种。

电弧灼伤是由弧光放电引起的。比如低压系统带负荷（特别是感性负荷）拉裸露刀开关，错误操作造成的线路短路、人体与高压带电部位距离过近而放电，都会造成强烈弧光放电。电弧灼伤也能使人致命。

电烙印通常是在人体与带电体紧密接触时，由电流的化学效应和机械效应而引起的伤害。

皮肤金属化是由于电流熔化和蒸发的金属微粒渗入表皮所造成的伤害。

二、对人体作用电流的划分

对于工频交流电，按照通过人体的电流大小而使人体呈现出不同的状态，可将电流划分为三级。

（一）感知电流

引起人感觉的最小电流称感知电流。人接触这样的电流会有轻微麻感。实验表明，成年男性平均感知电流有效值约为1.1mA，成年女性约为0.7mA。

感知电流一般不会对人造成伤害，但是若接触时间长，表皮被电解后电流增大时，感觉增强，反应变大，可能造成坠落等间接事故。

（二）摆脱电流

电流超过感知电流并不断增大时，触电者会因肌肉收缩，发生痉挛而紧握带电体，不能自行摆脱电源。人触电后能自行摆脱电源的最大电流称为摆脱电流。一般成年男性平均摆脱电流为16mA，成年女性约为10.5mA，儿童较成年人小。

摆脱电流是人体可以忍受而一般不会造成危险的电流。若通过人体的电流超过摆脱电流且时间过长，会造成昏迷、窒息，甚至死亡。因此，人摆脱电源能力随着触电时间的延长而降低。

（三）致命电流

在较短时间内危及生命的电流，称为致命电流。电流达到

50mA 以上，就会引起心室颤动，有生命危险，100mA 以上的电流，则足以致死。而接触 30mA 以下的电流通常不会有生命危险。不同电流对人体的影响见表 13-1。

表 13-1　不同电流对人体的影响

电流（mA）	通电时间	工频电流	直流电流
		人体反应	人体反应
0～0.5	连续通电	无感觉	无感觉
0.5～5	连续通电	有针刺感、疼痛，无痉挛	无感觉
5～10	数分钟内	痉挛、剧痛，但可摆脱电源	有针刺感、压迫感及灼热感
10～30	数分钟内	迅速麻痹、呼吸困难、血压升高，不能摆脱电源	压痛、刺痛、灼热强烈，有抽搐现象
30～50	数秒至数分	心跳不规则、昏迷、强烈痉挛、心脏开始颤动	感觉强烈、有剧痛、痉挛
50～数百	低于心脏搏动周期	受强烈冲击，但没发生心室颤动	剧痛、强烈痉挛、呼吸困难或麻痹
	超过心脏搏动周期	昏迷、心室颤动、呼吸麻痹、心脏停搏或停跳	

三、影响触电伤害程度的因素

触电的危险程度同很多因素有关，而这些因素是互相关联的，只要某种因素突出到相当程度，都会使触电者达到危险程度。

（一）电流的大小

一般通过人体的电流越大，人的生理反应越明显、越强烈，死亡危险性也越大。通过人体的电流强度取决于触电电压和人体电阻。人体电阻主要由表皮电阻和体内电阻构成，体内电阻一般较为稳定，约在 500Ω 左右，表皮电阻则与表皮湿度、粗糙程度、触电面积等有关。一般人体电阻在 1～2kΩ 之间。

（二）持续时间

通电时间越长，电击伤害程度越严重。因为电流通过人体时间越长，触电面要发热出汗，而且电流对人体组织有电解作用，使人体电阻降低，导致电流很快增加；另外，人的心脏每收缩扩张一次有 0.1s 的间歇，在这 0.1s 内，心脏对电流最敏感，若电流在这一瞬间通过心脏，即使电流较小，也会引起心脏颤动，造成危险。

（三）电流的途径

电流通过头部会使人立即昏迷，甚至死亡；电流通过脊髓，会导致半截肢体瘫痪；电流通过中枢神经，会引起中枢神经强烈失调，造成呼吸窒息而导致死亡。所以电流通过心脏、呼吸系统和中枢神经系统时，危险性最大。从外部来看，左手至脚的触电最危险，脚到脚的触电对心脏影响最小。

（四）电流频率

常用的 50～60Hz 的工频交流电对人体的伤害最严重。低于20Hz 时，危险性相对减小；20Hz 以上时死亡危险性降低，但容易引起皮肤灼伤。直流电危险性比交流电小很多。

（五）人体健康状况

触电伤害程度与人的身体状况有密切关系。除了人体电阻各有区别外，女性比男性对电流敏感性高；遭电击时小孩要比成年人严重；身体患心脏病、结核病、精神病、内分泌器官疾病或醉酒的人，由于抵抗能力差，触电后果更为严重。另外，对触电有心理准备的，触电伤害轻。

第二节　常见的触电方式

按照人体触及带电体的方式和电流流过人体的途径，电击可分为单相触电、两相触电和跨步电压触电。

一、单相触电

当人体直接碰触带电设备其中的一相时，电流通过人体流入大地，这种触电现象称为单相触电。对于高压带电体，人体虽未直接接触，但由于超过了安全距离，高电压对人体放电造成单相接地而引起的触电，也属于单相触电。

低压电网通常采用变压器低压侧中性点直接接地和中性点不直接接地（通过保护间隙接地）的接线方式，这两种接线方式发生单相触电的情况如图 13-1 所示。

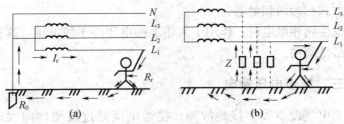

(a) 中性点接地系统的单相触电　　(b) 中性点不接地系统的单相触电

图 13-1　单相触电示意图

在中性点直接接地的电网中，通过人体的电流为

$$I_r = U / (R_r + R_0)$$

式中　U——电气设备的相电压；

　　　R_0——中性点接地电阻；

　　　R_r——人体电阻。

因为 R_0 和 R_r 相比较，R_0 甚小，可以略去不计，因此

$$I_r = U / R_r$$

从上式可以看出，若人体电阻按照 1000Ω 计算，则在 220V 中性点接地的电网中发生单相触电时，流过人体的电流将达 220mA，已大大超过人体的承受能力；即使在 110V 系统中触电，通过人体的电流也达 110mA，仍可能危及生命。在低

压中性点直接接地的电网中，单相触电事故在地面潮湿时易于发生。

单相触电是危险的。如高压架空线断线，人体碰及断落的导线往往会导致触电事故。此外，在高压线路周围施工，未采取安全措施，碰及高压导线触电的事故也时有发生。

二、两相触电

人体同时接触带电设备或线路中的两相导体，或在高压系统中，人体同时接近不同相的两相带电导体，而发生电弧放电，电流从一相导体通过人体流入另一导体，构成一个闭合回路，这种触电方式称为两相触电。

发生两相触电时，作用于人体上的电压等于线电压，这种触电是最危险的。

三、跨步电压触电

当电气设备发生接地故障，接地电流通过接地体向大地流散，在地面上形成电位分布时，若人在接地短路点周围行走，其两脚之间的电位差就是跨步电压。由跨步电压引起的人体触电，称为跨步电压触电。

下列情况和部位可能发生跨步电压电击：

（1）带电导体，特别是高压导体故障接地处，流散电流在地面各点产生的电位差造成跨步电压电击。

（2）接地装置流过故障电流时，流散电流在附近地面各点产生的电位差造成跨步电压电击。

（3）正常时有较大工作电流流过的接地装置附近，流散电流在地面各点产生的电位差造成跨步电压电击。

（4）防雷装置接受雷击时，极大的流散电流在其接地装置附近地面各点产生的电位差造成跨步电压电击。

（5）高大设施或高大树木遭受雷击时，极大的流散电流在附近地面各点产生的电位差造成跨步电压电击。

跨步电压的大小受接地电流大小、鞋和地面特征、两脚之间的跨距、两脚的方位以及离接地点的远近等很多因素的影响。人的跨距一般按 0.8m 考虑。

由于跨步电压受很多因素的影响以及由于地面电位分布的复杂性，几个人在同一地带（如同一棵大树下或同一故障接地点附近）遭到跨步电压电击完全可能出现截然不同的后果。

第三节　触电事故的发生规律及一般原因

为防止触电事故，应当了解触电事故的规律。根据对触电事故的分析，从触电事故的发生概率上看，可找到以下规律：

一、触电事故季节性明显

统计资料表明，每年二三季度事故多。特别是 6～9 月，事故最为集中。主要原因为，一是这段时间天气炎热、人体衣单而多汗，触电危险性较大；二是这段时间多雨、潮湿，地面导电性增强，容易构成电击电流的回路，而且电气设备的绝缘电阻降低，容易漏电。

二、低压设备触电事故多

国内外统计资料表明，低压触电事故远远多于高压触电事故。其主要原因是低压设备远远多于高压设备，与之接触的人比与高压设备接触的人多得多，而且都比较缺乏电气安全知识。应当指出，在专业电工中，情况是相反的，即高压触电事故比低压触电事故多。

三、携带式设备和移动式设备触电事故多

携带式设备和移动式设备触电事故多的主要原因是这些设备是在人的紧握之下运行，不但接触电阻小，而且一旦触电就难以摆脱电源；另一方面，这些设备需要经常移动，工作条件差，设备和电源线都容易发生故障或损坏；此外，单相携带式设备的保护零线与工作零线容易接错，也会造成触电事故。

四、电气连接部位触电事故多

大量触电事故的统计资料表明，很多触电事故发生在接线端子、缠接接头、压接接头、焊接接头、电缆头、灯座、插销、插座、控制开关、接触器、熔断器等分支线、接户线处。主要是由于这些连接部位机械牢固性较差、接触电阻较大、绝缘强度较低以及可能发生化学反应的缘故。

五、错误操作和违章作业造成的触电事故多

大量触电事故的统计资料表明，有85％以上的事故是由于错误操作和违章作业造成的。其主要原因是由于安全教育不够、安全制度不严和安全措施不完善、操作者素质不高等。

六、不同行业触电事故不同

冶金、矿业、建筑、机械行业触电事故多。由于这些行业的生产现场经常伴有潮湿、高温、现场混乱、移动式设备和携带式设备多以及金属设备多等不安全因素，以致触电事故多。

七、不同年龄段的人员触电事故不同

中青年工人、非专业电工、合同工和临时工触电事故多。其主要原因是由于这些人是主要操作者，经常接触电气设备；而

且，这些人经验不足，又比较缺乏电气安全知识，其中有的责任心还不够强，以致触电事故多。

八、不同地域触电事故不同

部分省市统计资料表明，农村触电事故明显多于城市，发生在农村的事故约为城市的3倍。

从造成事故的原因上看，由于电气设备或电气线路安装不符合要求，会直接造成触电事故；由于电气设备运行管理不当，使绝缘损坏而漏电，又没有切实有效的安全措施，也会造成触电事故；由于制度不完善或违章作业，特别是非电工擅自处理电气事务，很容易造成电气事故；接线错误，特别是插头、插座接线错误造成过很多触电事故；高压线断落地面可能造成跨步电压触电事故等等。应当注意，很多触电事故都不是由单一原因，而是由两个以上的原因造成的。

触电事故的规律不是一成不变的。在一定的条件下，触电事故的规律也会发生一定的变化。例如，低压触电事故多于高压触电事故在一般情况下是成立的，但对于专业电气工作人员来说，情况往往是相反的。因此，应当在实践中不断分析和总结触电事故的规律，为做好电气安全工作积累经验。

第四节　触电救护

触电急救必须分秒必争，立即就地迅速用心肺复苏法进行抢救，并坚持不断地进行，同时及早与医疗部门联系，争取医务人员接替救治。在医务人员未接替救治前，不应放弃现场抢救，更不能只根据没有呼吸或脉搏擅自判定伤员死亡，放弃抢救。只有医生有权做出伤员死亡的诊断。

一、脱离电源

触电急救，首先要使触电者迅速脱离电源，越快越好。因为电流作用的时间越长，伤害越重。

（一）脱离电源就是要把触电者接触的那一部分带电设备的开关、刀闸或其他断路设备断开；或设法将触电者与带电设备脱离。在脱离电源过程中，救护人员既要救人，也要注意保护自己。

（二）触电者未脱离电源前，救护人员不准直接用手触及伤员，因为有触电的危险。

（三）如触电者处于高处，解脱电源后会自高处坠落，因此，要采取预防措施。

（四）触电者触及低压带电设备，救护人员应设法迅速切断电源，如拉开电源开关或刀闸，拔除电源插头等；或使用绝缘工具、干燥的木棒、木板、绳索等不导电的东西解脱触电者；也可抓住触电者干燥而不贴身的衣服，将其拖开，切记要避免碰到金属物体和触电者的裸露身躯；也可戴绝缘手套或将手用干燥衣物等包起绝缘后解脱触电者；救护人员也可站在绝缘垫上或干木板上，绝缘自己后再进行救护。

为使触电者与导电体解脱，最好用一只手进行。

（五）如果电流通过触电者入地，并且触电者紧握电线，可设法用干木板塞到身下，与地隔离，也可用有绝缘柄的钳子等将电线剪断。剪断电线要分相，一根一根地剪断，并尽可能站在绝缘物体或干木板上。

（六）触电者触及高压带电设备，救护人员应迅速切断电源，或用适合该电压等级的绝缘工具（戴绝缘手套、穿绝缘靴并用绝缘棒）解脱触电者。救护人员在抢救过程中应注意保持自身与周围带电部分必要的安全距离。

（七）如果触电发生在架空线杆塔上，如系低压带电线路，若可能立即切断线路电源的，应迅速切断电源，或者由救护人员迅速登杆，束好自己的安全皮带后，用带绝缘胶柄的钢丝钳、干燥的不导电物体或绝缘物体将触电者拉离电源；如系高压带电线路，又不可能迅速切断电源开关的，可采用抛挂足够截面的适当长度的金属短路线的方法，使电源开关跳闸。抛挂前，将短路线一端固定在铁塔或接地引下线上，另一端系重物，但抛掷短路线时，应注意防止电弧伤人或断线危及人员安全。不论是何级电压线路上触电，救护人员在使触电者脱离电源时要注意防止发生高处坠落的可能和再次触及其他有电线路的可能。

（八）如果触电者触及断落在地上的带电高压导线，且尚未证实线路无电，救护人员在未做好安全措施（如穿绝缘靴或临时双脚并紧跳跃地接近触电者）前，不能接近至断线点 8～10m 范围内，防止跨步电压伤人。触电者脱离带电导线后亦应迅速带至 8～10m 以外后立即开始急救。只有在证实线路已经无电，才可在触电者离开触电导线后，立即就地进行急救。

（九）救护触电伤员切除电源时，有时会同时使照明失电，因此应考虑事故照明、应急灯等临时照明。新的照明要符合使用场所防火、防爆的要求。但不能因此延误切除电源和进行急救。

二、伤员脱离电源后的处理

（一）伤员的应急处置

触电伤员如神志清醒者，应使其就地躺平，严密观察，暂时不要站立或走动。

触电伤员如神志不清者，应就地仰面躺下，且确保气道通畅，并用 5s 时间，呼叫伤员或轻拍其肩部，以判定伤员是否意识丧失。禁止摇动伤员头部呼叫伤员。

需要抢救的伤员，应立即就地坚持正确抢救，并设法联系医疗部门接替救治。

（二）呼吸、心跳情况的判定

触电伤员如意识丧失，应在 10s 内，用看、听、试的方法（图 13-2），判定伤员呼吸心跳情况。

看：看伤员的胸部、腹部有无起伏动作；

听：用耳贴近伤员的口鼻处，听有无呼气声音；

试：试测口鼻有无呼气的气流。再用两手指轻试一侧（左或右）喉结旁凹陷处的颈动脉有无搏动。

若看、听、试，结果既无呼吸又无颈动脉搏动，可判定呼吸心跳停止。

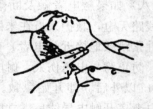

图 13-2　呼吸、心跳情况判定的三种方法（看、听、试）

（三）心肺复苏法

触电伤员呼吸和心跳均停止时，应立即按心肺复苏法支持生命的三项基本措施，即通畅气道、口对口（鼻）人工呼吸、胸外按压（人工循环），正确进行就地抢救。

1. 通畅气道

（1）触电伤员呼吸停止，重要的是始终确保气道通畅。如发现伤员口内有异物，可将其身体及头部同时侧转，迅速用一个手指或用两手指交叉从口角处插入，取出异物。操作中要注意防止将异物推到咽喉深部。

（2）通畅气道可采用仰头抬颌法（图 13-3）。用一只手放在触电者前额，另一只手的手指将其下颌骨向上抬起，两手协同将头部推向后仰，舌根随之抬起，气道即可通畅（判断气道是否通畅可参见图 13-4）。严禁用枕头或其他物品垫在伤员头下，头部抬高前倾，会更加重气道阻塞，且使胸外按压时流向脑部的血流减少，甚至消失。

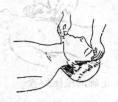 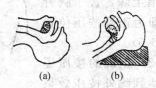

图 13-3　仰头抬颏法　　　　　图 13-4　气道状况

2. 口对口（鼻）人工呼吸（图 13-5）

（1）在保持伤员气道通畅的同时，救护人员用放在伤员额上的手的手指捏住伤员鼻翼，救护人员深吸气后，与伤员口对口紧合，在不漏气的情况下，先连续大口吹气两次，每次 1～1.5s。如两次吹气后试测颈动脉仍无搏动，可判定心跳已经停止，要立即同时进行胸外按压。

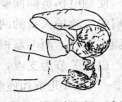

图 13-5　口对口人工呼吸

（2）除开始时大口吹气两次外，正常口对口（鼻）呼吸的吹气量不需过大，以免引起胃膨胀。吹气和放松时要注意伤员胸部应有起伏的呼吸动作。吹气时如有较大阻力，可能是头部后仰不够，应及时纠正。

（3）触电伤员如牙关紧闭，可口对鼻人工呼吸。口对鼻人工呼吸吹气时，要将伤员嘴唇紧闭，防止漏气。

3. 胸外按压

（1）正确的按压位置是保证胸外按压效果的重要前提。确定正确按压位置的步骤：

右手的食指和中指沿触电伤员的右侧肋弓下缘向上，找到肋骨和胸骨接合处的中点；

两手指并齐，中指放在切迹中点（剑突底部），食指平放在胸骨下部；

另一只手的掌根紧挨食指上缘，置于胸骨上，即为正确按压位置（图13-6）。

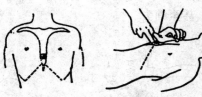

图13-6　正确的按压位置

（2）正确的按压姿势是达到胸外按压效果的基本保证。

正确的按压姿势：

使触电伤员仰面躺在平硬的地方，救护人员立或跪在伤员一侧肩旁，救护人员的两肩位于伤员胸骨正上方，两臂伸直，肘关节固定不屈，两手掌根相叠，手指翘起，不接触伤员胸壁；

以髋关节为支点，利用上身的重力，垂直将正常成人胸骨压陷3～5cm（儿童和瘦弱者酌减）；

压至要求程度后，立即全部放松，但放松时救护人员的掌根不得离开胸壁（图13-7）。

按压必须有效，有效的标志是按压过程中可以触及颈动脉搏动。

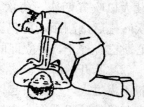

图13-7　按压姿势与用力方法

（3）操作频率：

胸外按压要以均匀速度进行，每分钟80次左右，每次按压和放松的时间相等；

胸外按压与口对口（鼻）人工呼吸同时进行，其节奏为：单人抢救时，每按压15次后吹气2次（15∶2），反复进行；双人抢救时，每按压5次后由另一人吹气1次（5∶1），反复进行。

三、抢救过程中的再判定

（一）按压吹气 1min 后（相当于单人抢救时做了 4 个 15：2 压吹循环），应用看、听、试方法在 5～7s 时间内完成对伤员呼吸和心跳是否恢复的再判定。

（二）若判定颈动脉已有搏动但无呼吸，则暂停胸外按压，而再进行 2 次口对口人工呼吸，接着每 5s 吹气一次（即每分钟 12 次）。如脉搏和呼吸均未恢复。则继续坚持心肺复苏法抢救。

（三）在抢救过程中，要每隔数分钟再判定一次，每次判定时间均不得超过 5～7s。在医务人员未接替抢救前，现场抢救人员不得放弃现场抢救。

四、抢救过程中伤员的移动、转院与伤员好转后的处理

（一）心肺复苏应在现场就地坚持进行，不要为方便而随意移动伤员，如确有需要移动时，抢救中断时间不应超过 30s。

（二）移动伤员或将伤员送医院时，除应使伤员平躺在担架上并在其背部垫以平硬阔木板，移动或送医院过程中应继续抢救，心跳呼吸停止者要继续心肺复苏法抢救，在医务人员未接替救治前不能中止。如图 13-8 所示。

(a) 正常担架　　　　(b) 临时担架及木板　　　　(c) 错误搬运

图 13-8　搬运伤员的正确方法

（三）应创造条件，用塑料袋装入砸碎冰屑做成帽状包绕在伤员头部，露出眼睛，使脑部温度降低，争取"心肺脑"完全复苏。

（四）如伤员的心跳和呼吸经抢救后均已恢复，可暂停心肺复苏法操作。但心跳呼吸恢复的早期有可能再次骤停，应严密监

护，不能麻痹，要随时准备再次抢救。

（五）初期恢复后，若伤者神志不清或精神恍惚、躁动，应设法使伤员安静。

五、杆上或高处触电急救

（一）发现杆上或高处有人触电，应争取时间及早在杆上或高处开始进行抢救。救护人员登高时应随身携带必要的工具和绝缘工具以及牢固的绳索等，并紧急呼救。

（二）救护人员应在确认触电者已与电源隔离，且救护人员本身所涉环境安全距离内无危险电源时，方能接触伤员进行抢救，并应注意防止发生高空坠落的可能性。

（三）高处抢救：

1. 触电伤员脱离电源后，应将伤员扶卧在自己的安全带上（或在适当地方躺平），并注意保持伤员气道通畅。

2. 救护人员迅速按相关规定判定反应、呼吸和循环情况。

3. 如伤员呼吸停止，立即口对口（鼻）吹气 2 次，再测试颈动脉，如有搏动，则每 5s 继续吹气一次，如颈动脉无搏动时，可用空心拳头叩击心前区 2 次，促使心脏复跳。

4. 高处发生触电，为使抢救更为有效，应及早设法将伤员送至地面。在完成上述措施后，应立即用绳索参照图 13-9 所示方法迅速将伤员送至地面，或采取可能的迅速有效措施送至平台上。

图 13-9　杆上或高处触电下放方法

5. 在将伤员由高处送至地面前，应再口对口（鼻）吹气4 次。

6. 触电伤员送至地面后，应立即继续按心肺复苏法坚持抢救。现场触电抢救，对采用肾上腺素等药物应持慎重态度。如没有必要的诊断设备条件和足够的把握，不得乱用。在医院内抢救触电者时，由医务人员经医疗仪器设备诊断，根据诊断结果决定是否采用。